宝宝的第一口辅食

刘桂荣 主编

中国轻工业出版社

前言

0~3岁是宝宝生长发育最快的年龄段，这一时期宝宝的营养摄取，直接决定了大脑发育和免疫机制的建立，以及日后的身体健康。给宝宝科学合理的营养补充，在这个时期尤为关键。父母必须抓紧这个特殊成长期，为宝宝打好营养基础。

让我们一起来学习给宝宝添加辅食的窍门，让宝宝有个好胃口、好身体，让营养师陪你沿着宝宝成长的线索来一起找到所有的答案吧。

先加蛋黄还是纯米粉？

米粉能与奶混在一起吃吗？

各类辅食添加的比例该是多少？

辅食“做”还是“买”？

辅食是不是越碎越好？

如何知道宝宝良好消化了辅食？

宝宝何时可以添加盐？

过敏的宝宝辅食添加应注意什么？

添加辅食后腹泻怎么办？

给宝宝喂罐装婴儿食品要注意什么？

……

网络热搜问题，这里全都有答案！超赞的辅食知识大全，包括辅食添加时间、辅食添加顺序、辅食制作……全是实实在在的干货！学习给宝宝添加辅食的理论基础，有这一本就足够了。

给宝宝一个最好的人生开端，从辅食添加开始。

目录

最适合制作辅食的食材…………14

蔬菜类…………14

水果类…………16

蛋类、奶类及豆制品…………18

肉类…………19

第一章
辅食问题一箩筐…………21

何时开始添加辅食…………22

辅食“做”还是“买”…………22

辅食添加的顺序…………23

先加蛋黄还是纯米粉…………24

米粉能与配方奶混在一起吃吗…………24

辅食是不是越碎越好…………25

怎样判断是否良好消化了辅食…………26

添加辅食后腹泻怎么办…………26

添加辅食后便秘怎么办…………27

各类辅食添加的比例是多少…………28

早产儿添加辅食时间…………28

蛋黄是补充铁的最佳食物吗…………29

吃罐装婴儿食品要注意什么…………30

宝宝何时可以添加盐…………30

湿疹宝宝怎么添加辅食…………31

宝宝对辅食不感兴趣…………32

添加辅食后宝宝不爱吃奶…………32

宝宝不宜食用的食品有哪些…………33

如何保存婴儿食品…………34

制作宝宝辅食的卫生要求…………34

辅食制作准备哪些专用工具…………35

第二章
关注宝宝的必需营养素…………37

DHA 提升宝宝智力的黄金元素…………38

叶酸 提高智力并保护宝宝肠道…………39

牛磺酸 对脑神经的发育起重要作用…………40

卵磷脂 提升记忆力不可少…………41

碳水化合物 维持大脑神经系统正常功能…………42

脂肪 供给宝宝成长的必需能量…………43

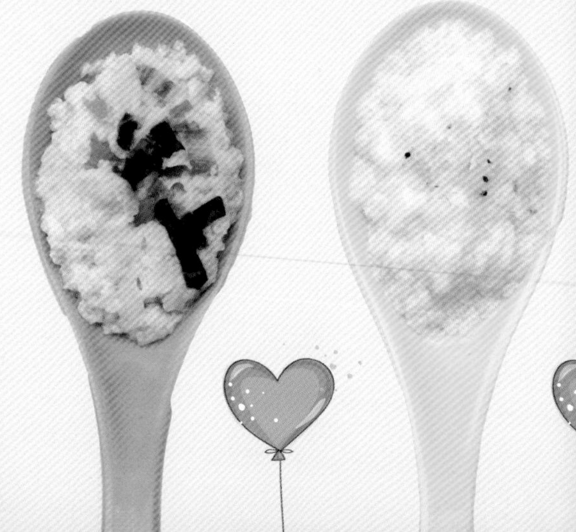

蛋白质 宝宝智力发展的关键元素…………44
B 族维生素 营养神经和维护心肌功能……45
维生素 A 促进牙齿与骨骼的发育…………46
维生素 C 提高免疫力和大脑灵敏度………47
维生素 E 维护机体免疫力…………………48
钙 增强宝宝脑神经组织的传导能力………49
铁 最佳造血剂………………………………50
碘 提升宝宝智力水平………………………51
锌 促进宝宝生长发育………………………52
硒 对抗自由基的有力武器…………………53

第三章

4 个月 果水菜水尝尝看…………55

宝宝发育情况………………………………56
喂养重点……………………………………56
开始长牙了…………………………………57
断奶不宜过早………………………………57
不要过早或过晚添加辅食…………………57
苹果水………………………………………58
白菜水………………………………………59
鲜橙汁………………………………………59
雪梨汁………………………………………60
西瓜汁………………………………………61
猕猴桃汁……………………………………61
香蕉汁………………………………………62
香瓜汁………………………………………63
葡萄汁………………………………………63
黄瓜汁………………………………………64
油菜汁………………………………………65
菜花汁………………………………………65
菠菜汁………………………………………66
山楂水………………………………………67
橘子汁………………………………………67

第四章

5 个月 大米汤喝起来…………69

宝宝发育情况………………………………70
喂养重点……………………………………70
味觉已能区别食物味道……………………70
辅食慢慢加…………………………………70
进食量很小也要勤做………………………71
尊重宝宝自然成长…………………………71

大米汤……………………………………72

黑米汤……………………………………73

小米汤……………………………………73

鲜藕梨汁…………………………………74

西蓝花汁…………………………………75

苋菜汁……………………………………75

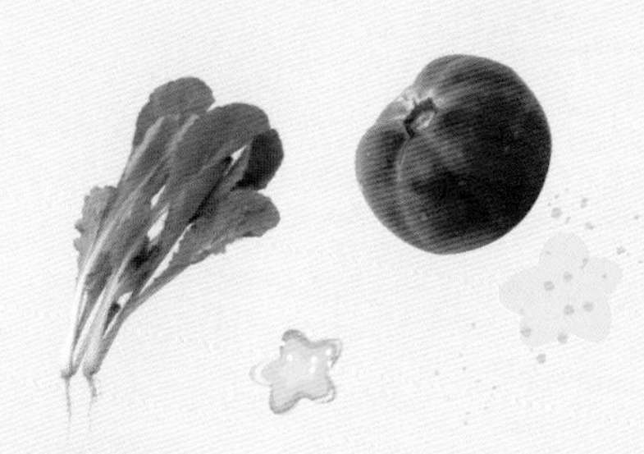

樱桃汁……………………………………76

莲藕苹果汁………………………………77

苹果胡萝卜汁……………………………77

西红柿苹果汁……………………………78

白萝卜梨汁………………………………79

甘蔗荸荠水………………………………79

大米绿豆汤………………………………80

大米红豆汤………………………………81

西红柿米汤………………………………81

玉米糙汤…………………………………82

苹果米汤…………………………………83

生菜米汤…………………………………83

第五章

6 个月 营养米糊花样多…………85

宝宝发育情况……………………………86

喂养重点…………………………………86

酸甜苦辣都要尝一尝……………………86

米粉不要乱加辅料………………………86

给宝宝准备专用餐具……………………87

吃辅食后宝宝便便的颜色………………87

米糊………………………………………88

土豆泥……………………………………89

青菜泥……………………………………89

南瓜羹……………………………………90

土豆苹果糊………………………………91

草莓藕粉汤………………………………91

大米花生汤………………………………92

小米红枣汤………………………………93

小米薏仁汤………………………………93

大米南瓜汤………………………………94

小米玉米糙汤……………………………95

菠菜橙汁…………………………………95

第六章
7 个月 营养蛋黄来啦……………97

宝宝发育情况……………………………98
喂养重点…………………………………98
勤给辅食餐具消毒………………………98
宝宝的吃饭时间调整到和大人一样……99
辅食添加量要把握好……………………99
食物品种不要太单一……………………99
蛋黄泥……………………………………100
西蓝花奶羹………………………………101
鸡汤南瓜泥………………………………101
胡萝卜小米汤……………………………102
大米蛋黄汤………………………………103
香蕉粥……………………………………103
葡萄干土豆泥……………………………104
香蕉乳酪糊………………………………105
蛋黄玉米羹………………………………105
红薯红枣羹………………………………106
胡萝卜泥…………………………………107
山药大米羹………………………………107

第七章
8 个月 鱼肉、肝泥好味道……… 109

宝宝发育情况……………………………110
喂养重点…………………………………110
添加新辅食观察 3 天以上………………110
微波炉加热制作辅食各有利弊…………111
蔬菜和水果不能相互替代………………111
出牙时期的特殊哺喂……………………111
鱼蛋羹……………………………………112
鱼菜米糊…………………………………113

香蕉奶糊……113
蛋黄豆腐羹……114
栗子粥……115
平鱼泥……115
西红柿鸡肝泥……116
疙瘩汤……117
西红柿烂面条……117
冬瓜蛋黄羹……118
芹菜米粉汤……119
猪肝泥……119
菜花土豆泥……120
苹果薯团……121
豆腐羹……121

第八章
9 个月 可口的小面条……123

宝宝发育情况……124
喂养重点……124
辅食过敏不要慌……124
添加适量膳食纤维……125
饮食安全放首位……125
餐桌礼仪养成时……125
茄子泥……126
山药羹……127
蛋香玉米羹……127
鸡毛菜龙须面……128
核桃燕麦豆浆……129
青菜米糊……129
蛋黄豌豆糊……130
鱼菜米糊……131
玉米豆腐胡萝卜糊……131
鳕鱼毛豆……132
胡萝卜粥……133
蒸全蛋……133
鲜虾粥……134
白宝豆腐羹……135
苹果草莓羹……135

第九章

10 个月 肉泥可以添加啦······ 137

宝宝发育情况······138

喂养重点······138

咀嚼期让宝宝爱上吃饭······138

巧做猪肝变美味······139

蔬菜每天还要吃······139

不要强行喂食······139

紫菜豆腐粥······140

小米蛋奶粥······141

鱼泥豆腐苋菜粥······141

核桃红枣羹······142

苹果猕猴桃羹······143

蔬菜豆腐泥······143

肉末海带羹······144

土豆胡萝卜肉末羹······145

黑米粥······145

蛋黄香菇粥······146

菠菜鸡肝泥······147

柠檬土豆羹······147

芋头丸子汤······148

鸡蛋布丁······149

西红柿鸡蛋面······149

第十章

11 个月 食物品种多样化······ 151

宝宝发育情况······152

喂养重点······152

学会食物代换原则······152

白开水是最好的饮料······153

勿在宝宝面前品评食物······153

因患病引起的厌食要重视······153

三味蒸蛋……154
肉松饭……155
鲜虾菠菜粥……155
玉米鸡丝粥……156
荠菜烧鱼片……157
鸡肝胡萝卜粥……157
排骨汤面……158
菠菜汆鱼片……159
丝瓜粥……159
牛肉河粉……160
肉末炒木耳……161

芙蓉丝瓜……161
山药三明治……162
鱼肉蒸糕……163
草莓酱蛋饼……163

第十一章
12 个月 断奶进行时……165

宝宝发育情况……166
喂养重点……166
注重宝宝的每一口饭……166
培养规律的饮食习惯……166
让宝宝自己吃东西……167
别给 1 岁前的宝宝喝牛奶……167
香椿芽拌豆腐……168
茄虾饼……169

西红柿通心粉……169
草莓麦片粥……170
丝瓜鸡蛋汤……171
海米冬瓜汤……171
黄豆芝麻粥……172
燕麦南瓜粥……173
芋头玉米泥……173
牛奶花生糊……174
三色豆腐虾泥……175
蒸嫩丸子……175
鸭血豆腐汤……176
小白菜鱼丸汤……177
鲜虾冬瓜汤……177

第十二章

1~1.5 岁 慢慢变化饮食结构…179
宝宝发育情况……180
喂养重点……180
限制甜食，预防肥胖……180
鸡蛋虽好，多吃无益……180
边玩边吃要及时纠正……181
宝宝磨牙要重视……181
鸭蛋黄豆腐泥……182
海米白菜……183
素炒菠菜……183
韭菜炒鸭蛋……184
蛋包饭……185
鱼泥馄饨……185
蛤蜊蒸蛋……186
鸡蓉豆腐汤……187
五谷黑白粥……187

苦瓜粥……188

虾仁丸子汤……189

青菜肉末煨面……189

火腿洋葱摊鸡蛋……190

牛肉土豆饼……191

什锦烩饭……191

西红柿炒鸡蛋……192

虾仁豆腐……193

杂炒时蔬……193

芒果布丁……194

冬瓜肝泥卷……195

红薯蛋挞……195

第十三章

1.5~2 岁 喜欢上吃饭……197

宝宝发育情况……198

喂养重点……198

适当给宝宝吃粗粮……198

巧添零食保证正餐……199

不要纠正左撇子宝宝……199

固定地点吃饭不追喂……199

山药汤圆……200

五色紫菜汤……201

小米芹菜粥……201

红枣银耳粥……202

香菇肉片汤……203

胡萝卜牛肉汤……203

栗子红枣粥……204

海苔饭团……205

鸡肉卷……205

白菜炒木耳……206
葱烧小黄鱼……207
虾仁青豆饭……207
素炒三鲜……208
苦瓜煎蛋饼……209
海带炖肉……209
上汤娃娃菜……210
糖醋嫩藕片……211
肉丁西蓝花……211
百合炒牛肉……212
甜椒炒肉丝……213
蒜薹炒羊肉……213

第十四章
妈妈这样做，宝宝最爱吃……215

芹菜……216
洋葱……217
苦瓜……218
茄子……219
青椒……220
白萝卜……221

附录
0~3 岁儿童智能发育水平……222

最适合制作辅食的食材

蔬菜类

小白菜

小白菜富含维生素C、B族维生素、钙等多种营养素，且软糯可口、清香鲜美，带有甜味，非常适合宝宝食用。

辅食推荐：小白菜鱼丸汤（177页）

胡萝卜

胡萝卜富含β-胡萝卜素，β-胡萝卜素在肠和肝脏中能转变为维生素A。维生素A有保护眼睛、促进生长发育、抵抗传染病的作用。

辅食推荐：苹果胡萝卜汁（77页）、胡萝卜小米汤（102页）

土豆

土豆富含膳食纤维，有促进肠道蠕动、通便排毒的作用。土豆还是非常好的高钾低钠食物，可维持体内的电解质平衡。

辅食推荐：土豆泥（89页）、牛肉土豆饼（191页）

西红柿

西红柿富含的维生素C，可增强免疫力。西红柿中的番茄红素是抗氧化剂，可消除体内自由基，抗癌防癌。

辅食推荐：西红柿苹果汁（78页）、西红柿鸡肝泥（116页）

南瓜

嫩南瓜中维生素C及葡萄糖含量比老南瓜丰富，而老南瓜中则含有较多的钙、铁、胡萝卜素，可以根据宝宝的身体状况适当选择。

辅食推荐：南瓜羹（90页）、鸡汤南瓜泥（101页）

菠菜

菠菜含有皂角苷和膳食纤维，能刺激宝宝肠胃蠕动、增加腺体的分泌，既助消化，又润肠道，有利于通便。

辅食推荐：菠菜汁（66页）、菠菜鸡肝泥（147页）

冬瓜

冬瓜含有多种人体必需的氨基酸，特别是组氨酸，可促进婴幼儿免疫系统的完善。冬瓜还是典型的高钾低钠型蔬菜，可利水清肿。

辅食推荐：冬瓜蛋黄羹（118 页）、海米冬瓜汤（171 页）

丝瓜

丝瓜富含磷脂、B 族维生素和维生素 C，可以促进宝宝机体细胞和大脑的正常发育。丝瓜能清热解毒，非常适合宝宝在夏季食用。

辅食推荐：丝瓜粥（159 页）、丝瓜鸡蛋汤（171 页）

莲藕

莲藕含有淀粉、蛋白质、维生素 C，可以很好地促进宝宝的发育，预防宝宝贫血。有补益气血、增强免疫力的作用，还能增进宝宝食欲，促进消化。

辅食推荐：莲藕苹果汁（77 页）

茄子

茄子富含维生素 P，维生素 P 能增强毛细血管的弹性，防止微血管破裂出血。从中医角度说，茄子有清热止血、消肿止痛的功效。

辅食推荐：茄子泥（126 页）、茄子炸酱面（219 页）

菜花

菜花富含维生素 C，可以增强宝宝肝脏的解毒能力，还能提高免疫力，防止感冒。菜花还富含膳食纤维，常吃可预防便秘。

辅食推荐：菜花汁（65 页）、菜花土豆泥（120 页）

黄瓜

黄瓜中的维生素 C 具有提高人体免疫功能的作用，可让宝宝远离传染性疾病；黄瓜中的维生素 B_1，可改善大脑和神经系统功能。黄瓜还可帮助肥胖的宝宝减轻体重。

辅食推荐：黄瓜汁（64 页）、大丰收（221 页）

水果类

苹果

苹果有“智慧果”的美称，多吃苹果有增进记忆、提高智能的作用。苹果含有丰富的有机酸，可刺激消化液分泌，帮助宝宝消化。苹果中丰富的果胶是一种可溶性膳食纤维，能促进宝宝胃肠蠕动，改善便秘。

辅食推荐：苹果胡萝卜汁(77页)、苹果猕猴桃羹(143页)

橘子

橘子含有大量维生素C、β-胡萝卜素、葡萄糖等营养物质，橘汁还是钾元素的天然来源。橘子能帮助宝宝保持娇嫩的肌肤，提高宝宝免疫力，促进宝宝生长发育。

辅食推荐：橘子汁(67页)

梨

梨的水分充足，富含维生素和碘，能维持细胞组织的健康状态，帮助器官排毒净化，还能促使血液将更多的钙质运送到骨骼，有利于宝宝的骨骼生长。

辅食推荐：白萝卜梨汁(79页)

猕猴桃

猕猴桃堪称水果之王，营养极为丰富，不但含有比橘子、苹果等水果高几倍甚至几十倍的维生素C，还含有大量的糖、蛋白质、氨基酸、矿物质等。

辅食推荐：猕猴桃汁(61页)、苹果猕猴桃羹(143页)

西瓜

西瓜是鲜果中含水分最高的，且富含糖分、维生素、有机酸、氨基酸以及钙、磷、铁等矿物质。宝宝吃西瓜不仅可以得到丰富的营养，而且有增加食欲、助消化、利尿、促代谢、去暑疾等作用。

辅食推荐：西瓜汁(67页)

香蕉

香蕉不但含有丰富的碳水化合物，钾的含量也是水果中最高的，对发育旺盛的宝宝有促进细胞和身体组织生长的作用。香蕉中丰富的膳食纤维，还有利于缓解便秘。

辅食推荐：香蕉汁(62页)、香蕉粥(103页)

樱桃

樱桃富含碳水化合物、蛋白质、钙、磷、铁等营养元素，特别是含铁量很高，常食樱桃可补充体内对铁的需求，促进血红蛋白再生，既可预防宝宝缺铁性贫血，又可以增强体质，健脑益智。

辅食推荐：樱桃汁（76页）

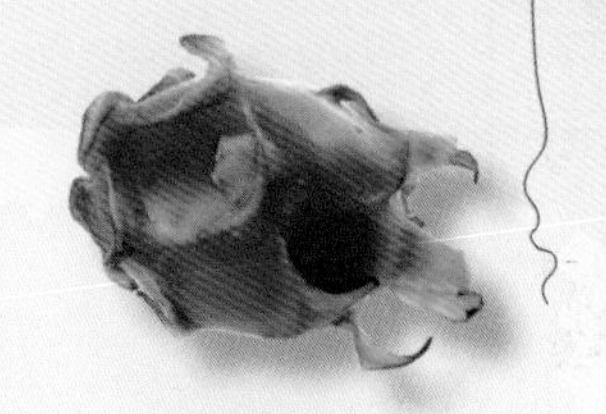

火龙果

来自热带的火龙果，有“仙人果”“吉祥果”之称，几乎不使用任何农药就可以正常生长。火龙果能预防宝宝贫血，对咳嗽、气喘有一定的食疗效果，还能预防宝宝便秘。

辅食推荐：火龙果奶汁（48页）

草莓

草莓富含糖、蛋白质、有机酸、果胶，还含有钙、磷、铁、胡萝卜素、核黄素、硫胺素等多种营养物质。草莓中充足的维生素C有利于提高宝宝的免疫力，还有护肤美白的作用。

辅食推荐：草莓藕粉汤（91页）

香瓜

香瓜是夏令消暑瓜果，其营养价值可与西瓜媲美。香瓜中的有效物质有利于宝宝心脏、肝脏以及消化系统的活动，可增强宝宝造血功能。夏季吃香瓜，能帮助宝宝消暑热，通利小便。

辅食推荐：香瓜汁（63页）

橙子

橙子含有丰富的果胶、蛋白质、钙、磷、铁及维生素B_1、维生素B_2、维生素C等多种营养成分。中医认为橙子有生津止渴、消食开胃等功效，有很好的补益作用。

辅食推荐：鲜橙汁（59页）、菠菜橙汁（95页）

葡萄

葡萄含有大量的葡萄糖及果糖，很容易被宝宝身体吸收，并能迅速转化成热量，是宝宝夏季食用的水果佳品。

辅食推荐：葡萄汁（63页）、葡萄干土豆泥（104页））

蛋类、奶类及豆制品

鸡蛋

鸡蛋的蛋白部分含有多种必需氨基酸，能促进宝宝身体发育。蛋黄中含有卵磷脂，能使宝宝变得更聪明。煮鸡蛋的营养价值最大，但要逐渐添加。

辅食推荐：大米蛋黄汤（103 页）、蛋黄豆腐羹（114 页）

酸奶

酸奶中的乳糖和蛋白质容易被宝宝吸收，其丰富的维生素和叶酸也利于宝宝成长。酸奶还能提高宝宝的食欲，并帮助宝宝排便。最好在宝宝 1 岁后开始添加酸奶。

辅食推荐：芒果布丁（194 页）

鸭蛋

鸭蛋中的蛋白质含量和鸡蛋相当，但矿物质总量远胜鸡蛋，尤其铁、钙含量极为丰富，能预防宝宝贫血，促进骨骼发育。

辅食推荐：鸭蛋黄炖豆腐（182 页）、韭菜炒鸭蛋（184 页）

豆腐

豆腐含有丰富的蛋白质以及钙、镁等矿物质，且便于制作，宝宝食用方便，容易消化，吸收性好。常食豆腐能提高宝宝记忆力和精神集中力。

辅食推荐：鸡蓉豆腐汤（187 页）、虾仁豆腐（193 页）

鹌鹑蛋

鹌鹑蛋中氨基酸种类齐全，含量丰富，还含有较高的脑磷脂、卵磷脂、铁和维生素等，非常适合宝宝食用。

辅食推荐：苦瓜煎蛋饼（209 页）

豆浆

豆浆含有丰富的植物蛋白质、磷脂、B 族维生素和铁、钙等矿物质，可以预防宝宝贫血、缺钙，增强抗病能力。但不宜多食，否则容易引起腹胀。

辅食推荐：核桃燕麦豆浆（129 页）

肉类

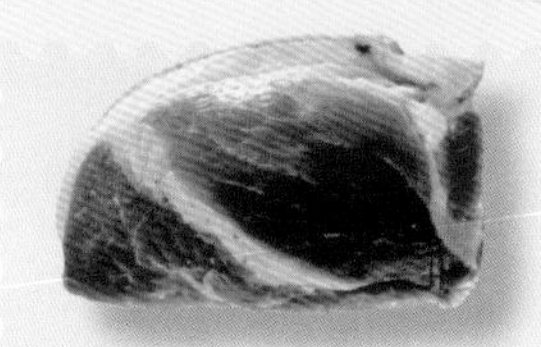

猪肉

猪肉含有丰富的蛋白质及脂肪、碳水化合物、钙、磷、铁等营养成分，可以提供宝宝生长发育所需的多种营养，具有补虚强身、滋阴润燥、丰泽肌肤等作用。

辅食推荐：肉末海带羹（144页）、土豆胡萝卜肉末羹（145页）

羊肉

羊肉中含蛋白质丰富，还含有较高的钙、钾、维生素 B_1 等，可以增加宝宝热量，帮助宝宝大脑发育；还有生肌健力、养肝明目等作用。

辅食推荐：蒜薹炒羊肉（213页）

鸡肉

鸡肉是高蛋白、低脂肪的健康食品，含有多种维生素及钙、磷、锌、铁、镁等营养成分，而且味道鲜美，肉质细嫩，既能增进宝宝食欲，又能促进宝宝生长发育。

辅食推荐：玉米鸡丝粥（156页）、鸡肉卷（205页）

鱼肉

鱼肉含有丰富的优质蛋白质、维生素和钙、磷、铁等营养成分，还含有两种对宝宝大脑发育非常有好处的不饱和脂肪酸，宝宝常吃鱼，尤其是鱼头，会变得更聪明。

辅食推荐：鱼菜米糊（131页）、鱼泥豆腐苋菜（141页）

牛肉

牛肉被称为“肉中骄子”，含有丰富的蛋白质，但脂肪含量很低。宝宝常食用，可以增强抗病能力，促进骨骼肌肉的生长。制作过程中一定要将牛肉炖烂，防止宝宝消化不良。

辅食推荐：牛肉鸡蛋粥（44页）、百合炒牛肉（212页）

虾肉

虾含有丰富的蛋白质、维生素E和矿物质，且肉质松软，易消化，味道清淡，没有骨刺，深受宝宝喜爱。常吃虾可预防宝宝缺钙，促进生长发育。

辅食推荐：三色豆腐虾泥（175页）、虾仁青豆饭（207页）

第一章
辅食问题一箩筐

添加辅食是宝宝成长过程中一件十分重要的事，妈妈们总会产生这样或那样的疑惑。本章汇总了一些关于辅食添加最常见且最重要的问题，并给予科学、详细的解答，希望可以帮助到迷茫中的妈妈们。

何时开始添加辅食

🔍 热搜词 添加时间

不必强求

何时添加辅食，应根据宝宝的实际发育状况具体实施。4~6个月为辅食添加适应阶段，不要过于强求宝宝的进食量。应引导宝宝对饮食产生兴趣，千万不要强迫宝宝，以免造成宝宝的心理负担。

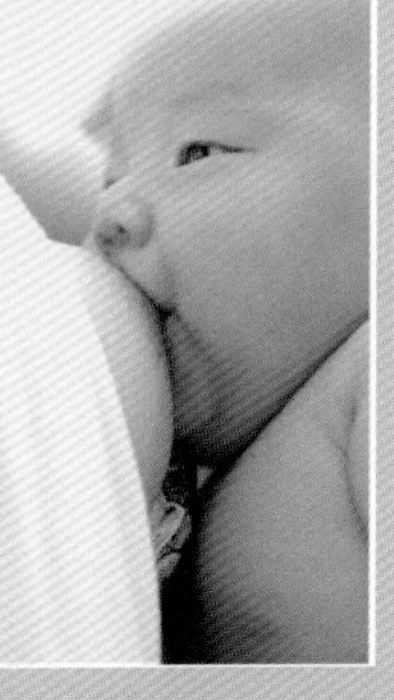

世界卫生组织最新的婴儿喂养报告提倡：前6个月纯母乳喂养,6个月以后在母乳喂养的基础上添加辅食。一般来说，纯母乳喂养的宝宝，如果体重增加理想，可以到6个月时添加；人工喂养及混合喂养的宝宝，在满4个月以后，身体健康的情况下，可以逐渐开始添加辅食。值得注意的是，无论何种喂养方式，均应在满6个月时开始给宝宝添加辅食。

添加辅食的信号

- 大人吃饭时，宝宝会专注地盯着看，口水直流，还直咂嘴，偶尔还会伸手去抓大人吃的菜。
- 陪宝宝玩的时候，宝宝会时不时把玩具放到嘴巴里，口水把玩具弄得湿湿的。

辅食“做”还是“买”

🔍 热搜词 市售、自己做

自己做的辅食由于了解制作全过程，是最放心的，而科学的辅食配方只要妈妈们注意多看一些专业的育儿书籍和网络知识，也一定能获得很准确和有效的信息。有些辅食的制作还比较简单，宝宝吃妈妈自己做的果泥、果汁、蔬菜泥、米糊，不仅天然，而且新鲜，更是无“添加物”。

市售方便选择多

- 婴儿食品是禁止用防腐剂的，通常采用真空包装以保障卫生，市售的现成的菜泥确实要比自己做的更精细、更好吸收，比较适合小宝宝。
- 不能一直给宝宝吃过细的食物，否则牙齿发育不好。长牙后，可以尝试吃些粗一点的食物，如买来苹果切条，让宝宝练习咀嚼。

花些时间给宝宝做辅食

自己做辅食，从买菜、清洗到加工、制作，要花费不少时间。而且宝宝吃得很少，量太小不好做，一次多做些存在冰箱里，营养素也会损失一部分。因此需要妈妈多些耐心，要把给宝宝做辅食当成乐趣，多花些时间在上面。

辅食添加的顺序

热搜词 先吃什么

由稀到稠，由细到粗

给宝宝制作粥或者米粉类辅食时，应该从稀到稠逐渐过渡。先是制作成“泥”状，如菜泥、果泥，再慢慢过渡到碎菜、切成小块的水果等。

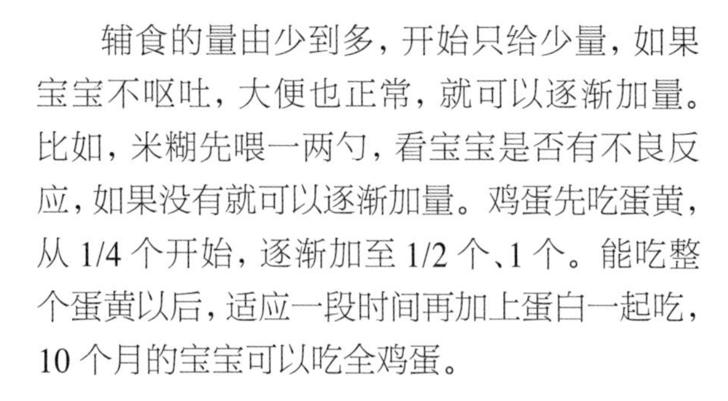

辅食的量由少到多，开始只给少量，如果宝宝不呕吐，大便也正常，就可以逐渐加量。比如，米糊先喂一两勺，看宝宝是否有不良反应，如果没有就可以逐渐加量。鸡蛋先吃蛋黄，从1/4个开始，逐渐加至1/2个、1个。能吃整个蛋黄以后，适应一段时间再加上蛋白一起吃，10个月的宝宝可以吃全鸡蛋。

由一种到多种

- 添加辅食不要过快，一种辅食添加后要适应1周左右，再添加另一种辅食。注意不要在同一时间内添加多种辅食。
- 炎热的夏天，宝宝消化功能较弱，最好少加新的辅食品种。

先加蛋黄还是纯米粉

热搜词 蛋黄

减少过敏概率

纯米粉引起婴儿过敏的可能性是最低的，而且相对于蛋黄，更容易消化吸收。对蛋黄过敏的宝宝可以六七个月以后再加。添加米粉可以从含铁米粉开始，以1勺的量为准。

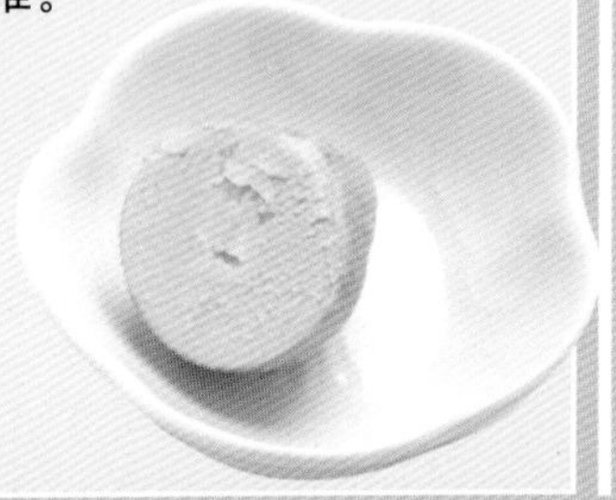

很多妈妈觉得蛋黄的营养价值高，可以补充蛋白质及锌、铁等矿物质。因此，总把蛋黄作为辅食添加的第一选择。当然这与过去我们的经济条件有关，那时鸡蛋是最好的营养品。现在建议首先添加的是纯米粉。米粉含有淀粉、蛋白质、钙、铁、锌、硒等，能给宝宝增加营养，还不易导致宝宝过敏。

让宝宝慢慢适应

- 可以先添加米粉，从小量开始，如果宝宝没有不良反应，再慢慢加蛋黄，蛋黄先从1/4开始，慢慢再多加。
- 如果先给宝宝添加蛋黄，他反应很好，没有不适应，那么妈妈可以根据自己宝宝的情况来逐渐增加蛋黄。

米粉能与配方奶混在一起吃吗

热搜词 米粉

有的妈妈为省事，把泥糊状食物，比如米粉，和配方奶混在一起给宝宝吃，这是一个误区。给宝宝加泥糊状食物，一方面是给他增加营养，另外一方面是要他学习咀嚼，让宝宝练习舌头的搅拌能力。米粉中含有植酸，与配方奶粉混合，还会影响钙、铁等矿物质的吸收。所以建议单独冲调。

锻炼吞咽能力

- 配方奶是用奶瓶喂给宝宝喝，米粉则可以调得稠一点，像粥一样，用勺子喂给宝宝吃，锻炼宝宝的吞咽能力。
- 长期把米粉调在奶粉里吸吮，不利于宝宝吞咽功能的训练，对日后进食会造成影响，甚至于影响语言学习。

不混合食用

婴儿配方奶粉有其专门的配方，最好用煮沸的白开水冲调，若加入其他如汤汁、米粉，都会改变其配方，影响宝宝对营养的吸收，这等于减少了奶量。牛奶中含有酪蛋白，会降低宝宝对鸡蛋米粉中蛋白质的吸收率。

辅食是不是越碎越好

热搜词 软烂

不断发育的咀嚼功能

1岁以后，软饭、饺子、馄饨、细加工的蔬菜和肉类都可以促进宝宝咀嚼功能的发育。这个时期，牙齿越来越多，宝宝的咀嚼、吞咽动作更加协调，慢慢地还能学会“初级”的吃饭工序，如用牙齿将粗、硬的食物咬磨细碎。

够碎、够烂——这是大多数妈妈在给宝宝添加辅食时遵循的准则，因为在她们看来，只有这样才能保证宝宝不被食物卡到，吸收更好。可事实上，宝宝的辅食不宜过分精细，且要随年龄增长而变化，以促进他们咀嚼能力和颌面的发育。所以宝宝的辅食不需要一直都过分精细和软烂。

不同时期不同的辅食要求

- 辅食添加初期：4~8个月的宝宝，因为刚刚学习吞咽动作，以糊状、泥状和半固体状食物最佳。
- 辅食添加中期：8~12个月，宝宝进入了旺盛的牙齿生长期，可逐渐增加辅食体积。
- 辅食添加后期：12个月后，硬度适中的食物更合适，如软饭、饺子、馄饨、细加工的蔬菜和肉类等。

怎样判断是否良好消化了辅食

热搜词 消化不良

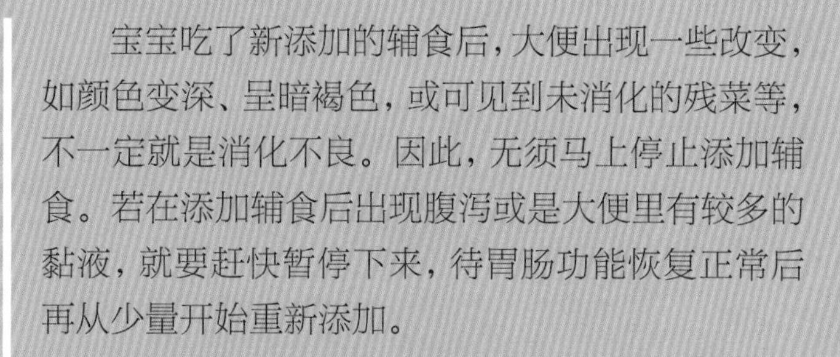

宝宝吃了新添加的辅食后，大便出现一些改变，如颜色变深、呈暗褐色，或可见到未消化的残菜等，不一定就是消化不良。因此，无须马上停止添加辅食。若在添加辅食后出现腹泻或是大便里有较多的黏液，就要赶快暂停下来，待胃肠功能恢复正常后再从少量开始重新添加。

消化不良的症状

- 如果宝宝出现拒食、拉绿色粪便，并伴有发烧、腹胀、呕吐及哭叫不安等情况，父母应暂停添加辅食，继续母乳喂养。喂奶要定时，一次不可喂太多，可以适当喝点白开水。如果病情比较严重，应尽早带宝宝去医院就诊。

特殊情况下的减缓喂食

习惯一种食物后再加另一种，不能同时添加几种；如出现消化不良应暂停喂该种辅食，待恢复正常后，再从开始时的量或更小量喂起。宝宝患病时，应暂缓添加新品种。天气炎热时也要避开添加新食物。

添加辅食后腹泻怎么办

热搜词 拉肚子

刚开始加蔬菜时，宝宝会特别容易拉肚子。妈妈可以稍停一两周再加。最好先给宝宝喝菜水，等宝宝适应后再慢慢加起。如果腹泻情况严重，要及时补充水分，还可以给宝宝服用妈咪爱或思密达止泻或及时就医。

重在预防勤观察

- 宝宝食物过敏：一般急性过敏 24 小时内会发生，慢性过敏大约在 72 小时内发生，所以每添加一种新食物，都至少要观察 3 天，无异常后，这种食物才可以作为常规食物食用。
- 常见易引起宝宝过敏的食物有牛奶、鸡蛋、大豆、鱼类、贝壳类海产品、花生、坚果等。

食物过敏惹的祸

宝宝添加辅食后出现腹泻，最常见的原因是食物过敏。如果宝宝添加某种新的食物后一两天内出现腹泻，有时候还可能伴发皮疹、呕吐、呼吸道症状等，停止食用该食物后几天内症状消失，那么基本可以判断宝宝对这样食物过敏。

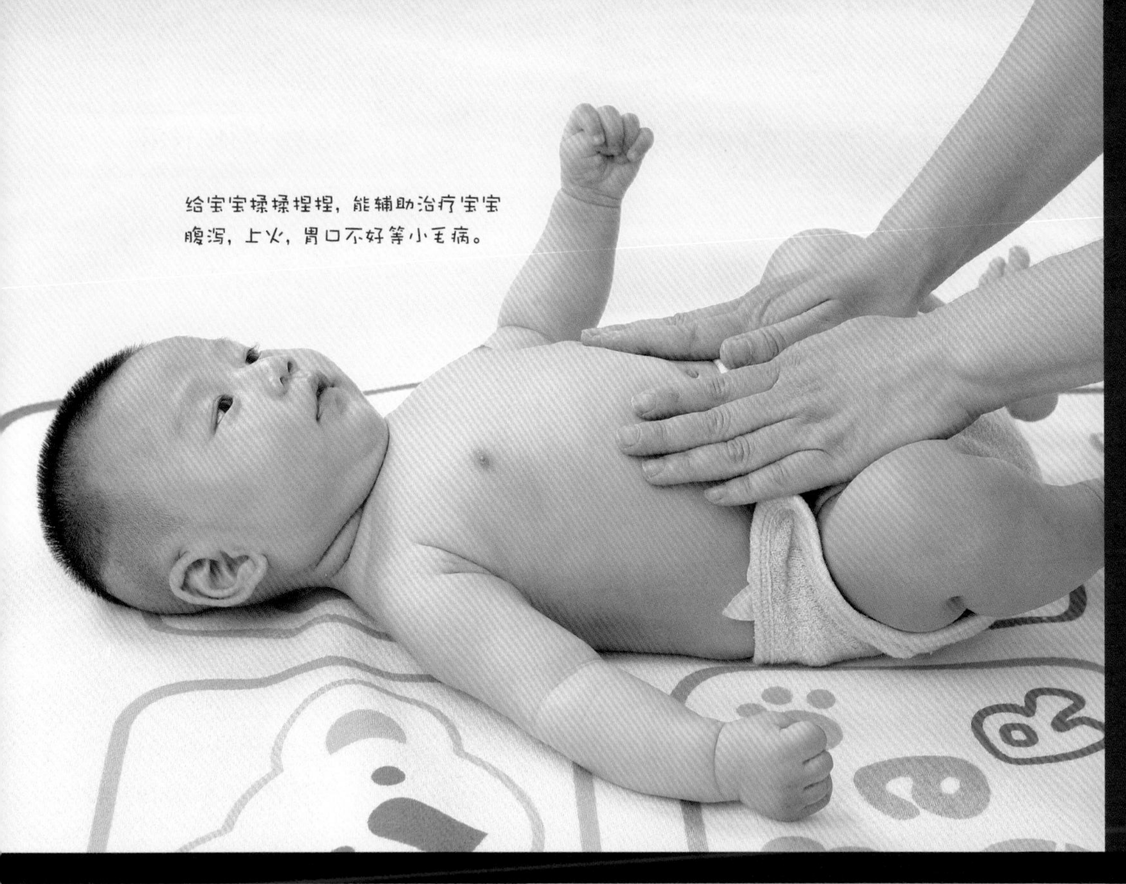

给宝宝揉揉捏捏，能辅助治疗宝宝腹泻，上火，胃口不好等小毛病。

添加辅食后便秘怎么办

热搜词 便秘

五谷果蔬均衡摄入

宝宝的饮食一定要均衡，不能偏食，五谷杂粮以及各种水果蔬菜都应均衡摄入。比如可以给宝宝吃一些苹果泥、香蕉泥、红薯泥、菜粥等，可增加肠道内的膳食纤维，促进胃肠蠕动，使排便变得通畅。

宝宝添加辅食后，引起便秘的主要原因是膳食纤维摄入不足。宝宝辅食加工过细、过精，虽然有利于营养的吸收，但破坏了大量的膳食纤维，导致宝宝膳食纤维摄入不足。除了辅食加工过细、过精以外，宝宝在服用钙剂后也很容易出现便秘，这是由宝宝对钙质吸收不良而引起的。

勤按摩多运动

- 在宝宝还不能自己爬及走路前，爸爸妈妈要适当揉揉宝宝的小肚子，促进宝宝的肠道蠕动。
- 等宝宝能自己爬、走路的时候，要鼓励宝宝多运动，带宝宝玩一会儿，保证一定的运动量，促进肠道蠕动。

各类辅食添加的比例是多少

热搜词 食物比例

辅食种类添加的顺序

应按"谷物—蔬菜—水果—动物性食物"的顺序来添加辅食。从数量来讲，应按由少到多的顺序，开始只是在喂奶之后试吃一点，然后逐渐增加。从一个种类过渡到另一个种类的时间可以是一两周。

没有绝对要遵循的比例，可以灵活安排，尤其是 1 岁以内的婴儿，主食是奶，每天应进食母乳或配方乳 600~800 毫升，谷类 40 克左右，蔬菜 25~50 克，水果 25~50 克，蛋黄 15 克或鸡蛋 50 克，鱼、肉 25~40 克。初期一次只喂一种新的食物，以便判别此种食物是否能被宝宝接收。

不同月龄辅食与奶量比例

- 6 个月宝宝辅食与奶量比例可以是 2：8
- 7 个月宝宝辅食与奶量比例可以是 3：7
- 8 个月宝宝辅食与奶量比例可以是 4：6
- 9 个月宝宝辅食与奶量比例可以是 5：5
- 10 个月宝宝辅食与奶量比例可以是 6：4

早产儿添加辅食时间

热搜词 早产儿

关于早产儿添加辅食的时间，不能按照宝宝的实际出生月龄来计算，而是要按照矫正月龄来计算。当早产儿的矫正月龄满 4~6 个月后，可根据宝宝的实际情况判断是否添加辅食。

矫正月龄 = 实际出生月龄 －（40 －出生时孕周）/4

以孕 32 周出生，实际月龄 6 个月的早产儿为例：矫正月龄 =6 －（40 － 32）/4，即矫正月龄为 4 个月。

按需添加不比较

当看到别的妈妈给宝宝添加辅食的时候，不用急也不用羡慕，要知道，适合宝宝的才是最好的。早产儿不应按照实际月龄添加辅食；过早给早产儿添加辅食可能引发腹泻等疾病。

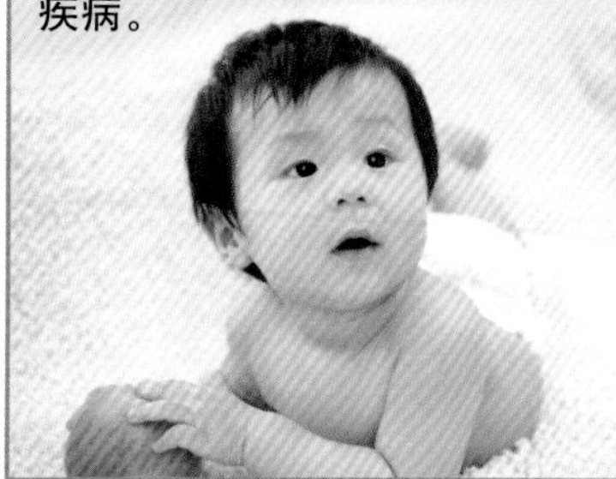

喂养是关键

- 如果体重增长、消化功能等情况较好，可以在矫正月龄 4 个月时开始添加米糊、果水、菜水等辅食，但加的时候要随时注意宝宝的消化情况。
- 如果宝宝体质较弱，可以暂缓一些时间添加辅食，以免给宝宝胃肠系统增加负担。

动物肝脏和血液铁含量丰富，所以每周给宝宝吃次肝泥很有必要。

蛋黄是补充铁的最佳食物吗

热搜词 补铁

宝宝容易贫血的两个阶段

缺铁性贫血容易出现在两个阶段的宝宝身上，一是6月龄纯母乳喂养的婴儿，二是2~3岁的挑食、偏食、过胖的儿童。鉴于蛋黄并不是补铁高手，再加上考虑到婴儿消化能力和过敏等因素，添加蛋黄最好到7月龄后进行。

给宝宝添加辅食，其中一个原因就是此时母乳里的铁已经不能满足宝宝的需求了，及时给宝宝添加辅食能满足宝宝对铁的更大需求。蛋黄含有丰富的胆固醇、蛋白质、维生素A。而蛋黄含铁量虽高，但吸收率非常低，因为里面的磷酸跟铁结合起来，不容易被宝宝吸收。

食物补铁

- 含铁丰富的食物有：鱼肉、猪肝、鸡、鸭、猪血。每100克可食部分的含铁量，猪肝是25毫克，鸭血是30.5毫克，鸡血是25毫克，鸡蛋黄则是6.5毫克。
- 猪肝、鸭血、鸡血中铁的吸收率分别是22%，12%和12%，鸡蛋黄中的铁吸收率只有3%。

吃罐装婴儿食品要注意什么

热搜词 罐装食品

注重营养元素的全面性

辅食营养补充品中必须添加的营养素包括维生素A、维生素D、维生素B_1、维生素B_2、铁、锌，其他为自行选择。对于辅食营养素补充食品，蛋白质和钙含量指标也为必需指标，其中蛋白质主要来源于乳类、大豆等。

如果给宝宝喂罐装婴儿食品，那么可以先把食物舀出来盛在小盘子里，然后再喂给宝宝。如果你直接用勺子伸到装食物的罐子里，吃剩下的食物就不能再留了，因为这样会使宝宝嘴里的细菌进入食品罐里。同样，罐装婴儿食品开封一两天后就必须扔掉。最好仔细阅读食品的包装说明，上面有罐装婴儿食品开盖后保存条件和保存时间的具体指导。

选购要看标签

- 尽量选择规模较大、产品质量和服务质量较好的品牌企业的产品。
- 注意外包装的标识是否齐全。是否标明了厂名、厂址、生产日期、保质期、执行标准、配料表、营养成分表等。

宝宝何时可以添加盐

热搜词 1岁吃盐

从理论上来讲，应该是1岁以后方可吃盐。即使那时，也只是极少量。1岁以内的宝宝从母乳和牛奶中摄取的天然盐分已经能满足身体的需要，不用在辅食中加盐。满1岁的宝宝也不用立即加盐，只要宝宝进食正常，没必要加盐。宝宝的肾脏发育不成熟，尤其是排泄钠盐的功能不足，吃了加盐的辅食以后，肾脏没有能力将其排出，钠盐滞留在组织之内，会导致局部水肿。

特殊情况下的加盐

- 如果宝宝开始厌食，对平时喜欢的食物也缺少兴趣，可以少量添加一些盐来调味。不但要少量，还要出锅后再加盐，使盐仅附着在食物表面。
- 宝宝夏季出汗较多，或腹泻、呕吐时，盐摄入量可比平时略增加一点。

尊重他的味觉

宝宝的食物要单独做，不要让他过早地和大人吃相同的饭菜。宝宝对盐的敏感度远超成人，不能用成人的标准衡量食物的味道，否则对宝宝来说盐就太多了，大人可能觉得很淡，但对宝宝来说已经足够了。

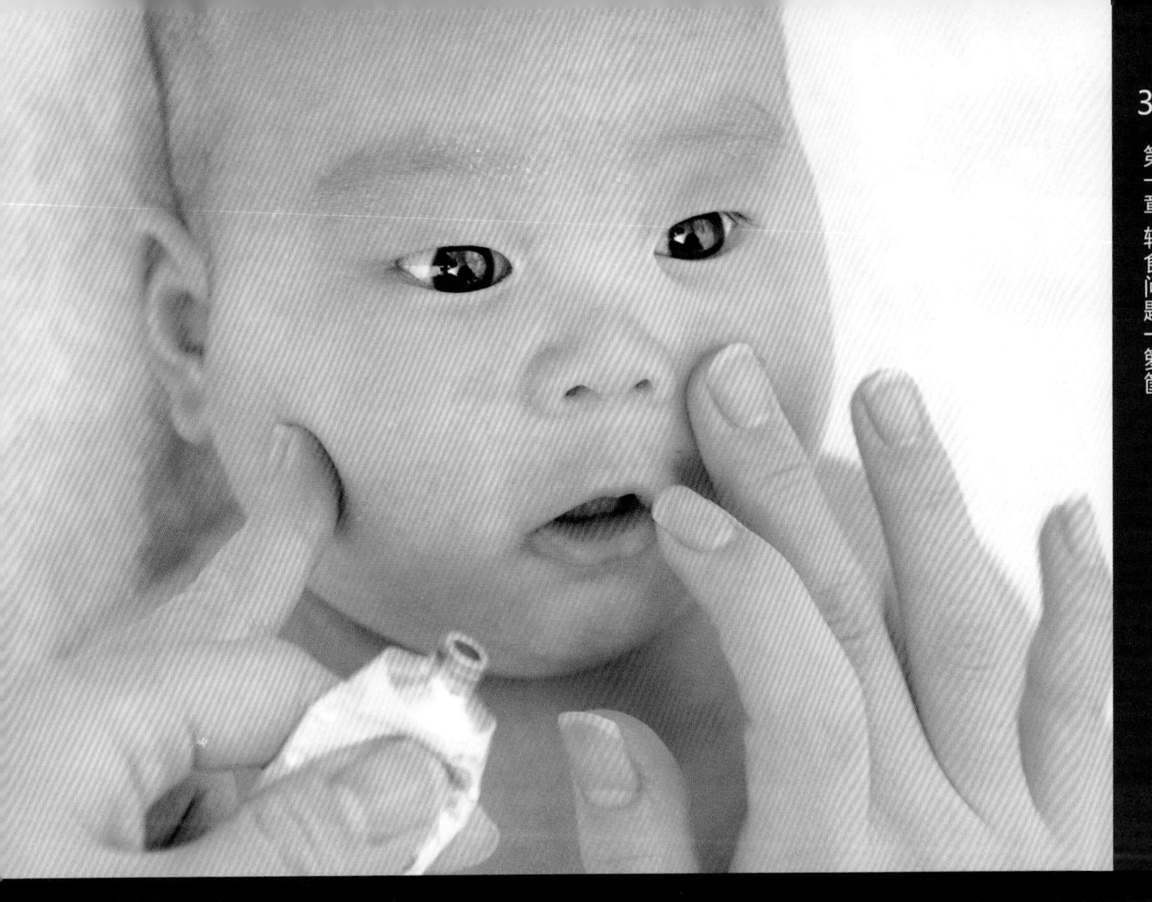

湿疹宝宝怎么添加辅食

热搜词 湿疹宝宝

遗传因素高

婴儿湿疹，俗称“奶癣”，宝宝的脸上、甚至浑身上下都是一个个红点，这是一种对牛奶、母乳和鸡蛋白等食物过敏而引起的变态反应性皮肤病，它也可能是一种由遗传引起的皮肤病，如果父母小时候患湿疹，他们的宝宝也容易得湿疹。

1 岁之内的宝宝，特别是目前已有湿疹的宝宝不应添加牛奶和相关食物、鸡蛋蛋白、带壳的海鲜以及大豆和花生等容易引发宝宝过敏的食物。湿疹的宝宝要晚些开始尝试蛋黄。如果蛋黄不耐受，就要坚决停掉。不能给 1 岁以内的宝宝喝豆浆，这样可能会加重湿疹。

不要过于紧张

- 出现湿疹不会影响宝宝的生长发育，但是营养摄入不全面就一定会影响宝宝的生长发育。
- 食物过敏加重湿疹的情况，通常是迟发性过敏反应，发生在进食后 2~6 小时。

宝宝对辅食不感兴趣

热搜词 不爱吃饭

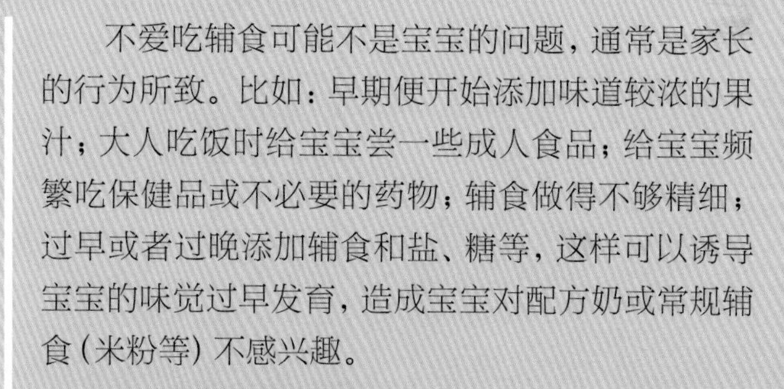

鼓励宝宝自己吃

宝宝用自己的眼睛确认食物，用手抓住后放入嘴里，这是一系列的协调运动，同时也是为今后宝宝自己使用调羹、餐具打基础，所以制作一些可用手抓着吃的食物是必须的。可能会弄脏宝宝的手或脸，不要在意这些，做好的卫生工作就好。

不爱吃辅食可能不是宝宝的问题，通常是家长的行为所致。比如：早期便开始添加味道较浓的果汁；大人吃饭时给宝宝尝一些成人食品；给宝宝频繁吃保健品或不必要的药物；辅食做得不够精细；过早或者过晚添加辅食和盐、糖等，这样可以诱导宝宝的味觉过早发育，造成宝宝对配方奶或常规辅食（米粉等）不感兴趣。

掌握添加原则巧应对

- 首先应确认吃饭时间是否合适，宝宝是否饿了。
- 巧妙利用食物本身的味道，虾皮有咸味，可以取一点点压碎，放在宝宝的蛋羹、粥或汤里。
- 如果宝宝不吃，最长 15 分钟就该结束喂食。

添加辅食后宝宝不爱吃奶

热搜词 不爱吃奶

有的宝宝在添加辅食后不爱吃奶，可能是添加辅食的时间不是很恰当，可能过早或过晚。添加的辅食不合理，辅食口味调得比奶鲜浓，使宝宝味觉发生了改变，不再对淡而无味的奶感兴趣了。添加辅食的量太大，辅食与奶的搭配不当，宝宝想吃多少就加多少，没有饥饿感，影响了吃奶量。宝宝自身的原因，添加辅食后，乳糖酶逐渐减少，再给奶类，会造成腹胀、腹泻，而拒吃奶。

根据情况调整辅食

- 加辅食不要操之过急，没必要为了吃辅食而减少奶量，而且晚上不要吃辅食，不好消化。
- 如果遇到宝宝不舒服，就要把辅食停掉，只吃母乳。
- 宝宝正处在厌奶期，对奶以外的食物充满了兴趣，这也是老话说的“五谷香”，不必太过紧张。

仍应以奶为主食

妈妈可以在宝宝饥饿时，先喂奶再喂辅食，也可以在宝宝睡前或刚醒迷迷糊糊的时候喂奶。如果担心宝宝蛋白质摄入不足，可以适当增加鱼、肉、蛋的摄入量。妈妈还可以适当减少辅食的量，让宝宝能很好地吃奶。

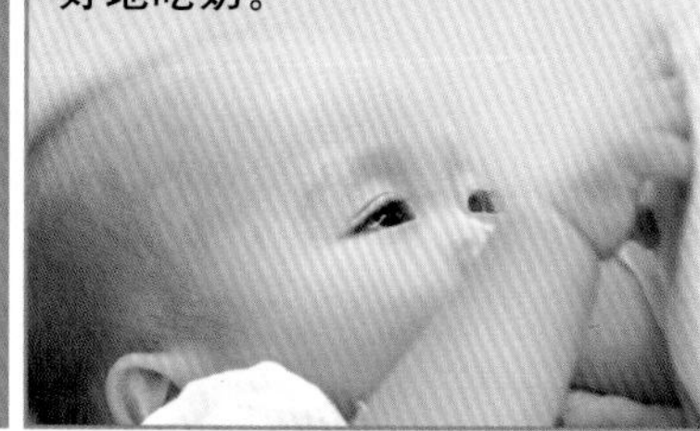

五谷杂粮、新鲜蔬果、优质肉类，都是宝宝辅食的极佳选择。

宝宝不宜食用的食品有哪些

热搜词 不健康零食

慎用营养补品

有些家长认为，给宝宝吃补品会促进生长发育，更希望通过它提高宝宝的智力。但补品中含有激素和微量活性物质，对宝宝正常的生理代谢有影响，因此要慎用。如果宝宝确实身体比别的宝宝弱，使用时也最好在医生的指导下进行。

含糖食品：糖果、加糖果汁、苏打水等食品能使宝宝发生龋齿，并影响宝宝对其他食物的食欲。

含咖啡因的食品：咖啡因一般存在于可乐、红茶、巧克力中，有兴奋作用，宝宝应避免食用。

蜂蜜：不宜给 1 周岁以内的宝宝食用，因为蜂蜜在酿造和储存过程中，易受到肉毒杆菌的污染，宝宝的抵抗力差，容易引起食物中毒。

特别强调最好别吃果冻

- 果冻是由增稠剂、香精、着色剂、甜味剂等配制而成，这些物质吃多了或常吃会影响宝宝的智力和生长发育。
- 近年来宝宝吃果冻造成的卡喉事件屡屡发生，对宝宝的安全也构成了一定的威胁。

如何保存婴儿食品

热搜词 辅食的保存

不同食物的冷冻时间

一般来说，水果类的辅食在晾凉的过程中就很容易氧化，不建议冷冻保存。蔬菜类的辅食可以冷冻保存3~5天，谷类、肉类辅食可以冷冻保存5~7天。考虑到宝宝的食量和营养，每次做2天的量，放入冰箱冷藏1天后加热食用比较合适。

如果自己制作辅食，可成批地制作浓汁并冰冻起来，这些浓汁是用水果、菜、肉分别煮烂、捣碎过滤而成的。将制作好的辅食晾凉后，放在用热水消过毒的玻璃保鲜盒中。密封后，将保鲜盒放在冰箱冷冻层中，并标上浓汁的名称及制作日期。

解冻讲究也不少

- 冷藏或冷冻的食品要彻底再加热到食物内部温度74℃以上。
- 用微波炉加热罐子里的婴儿食品往往加热不均匀，最热的部位是食物中心，靠近玻璃瓶的部位最凉，容易误导你认为食物不烫，导致烫伤宝宝。

制作宝宝辅食的卫生要求

热搜词 辅食的卫生

给宝宝制作辅食时一定要注意卫生。要选易清洗、易消毒、形状简单、颜色较浅、容易发现污垢的用具和餐具。塑料制品要选无毒、开水烫后不变形的。玻璃制品要选钢化玻璃等不易碎的安全用品。注意给宝宝做辅食的用具一定要用不锈钢的，不能用铁、铝制品，因为宝宝的肾脏发育不全，器具选材不当会增加肾脏负担。

食材以新鲜为主

- 水果宜选择橘子、橙子、苹果、香蕉、木瓜等皮壳较容易处理、农药污染及病原感染机会少的。
- 蛋、鱼、肉、肝等要煮熟，以避免发生感染及引起宝宝的过敏反应。
- 蔬菜类像西红柿、胡萝卜、菠菜、空心菜、豌豆、小白菜，都是不错的选择。

定期消毒勤打扫

厨房要保持清洁。灶台、洗碗池、抹布应及时清洗、定期消毒。及时清倒垃圾，以防招苍蝇或滋生细菌。放碗、筷的橱柜要有门或纱帘，防止碗筷受污染。要将制作辅食的食材完全洗净，尤其是一些被农药污染过的水果和蔬菜，最好用盐水浸泡几分钟。

趁手的辅食工具是宝宝开启美妙的辅食之旅的前提，妈妈们可以根据自家的实际情况而添置。

辅食制作准备哪些专用工具

热搜词 制作工具

卫生达标的产品

给宝宝制作的辅食一定要符合卫生标准，因此，在挑选制作用具和餐具时要选易清洗、易消毒、形状简单而且色浅易发现污垢的。塑料制品要选无毒、开水烫后不变形的。玻璃制品要选钢化玻璃等不易碎的安全用品。

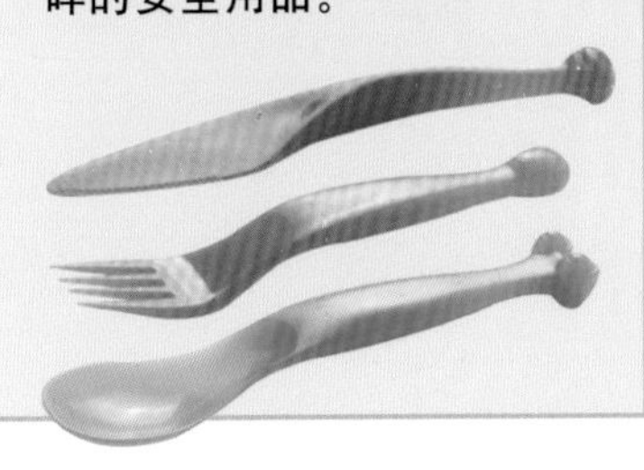

研磨器：将食物磨成泥，是辅食添加前期的必备工具。使用前需将研磨器用开水浸泡一下消毒。榨汁机：最好选购有特细过滤网，可分离部件清洗的榨汁机。挤橙器：适合自制鲜榨橙汁，使用方便，容易清洗。

辅食机的利与弊

→ **辅食机集蒸煮、搅拌为一体，操作起来非常方便。制作各种菜泥、肉泥，只需简单切块处理，再放进辅食机里先蒸煮再搅拌，省去很多时间，而且用辅食机制作出来的泥都很细腻，非常适合刚添加辅食的宝宝。大一点的宝宝慢慢过渡到吃颗粒状固体食物时，辅食机的利用率也就不怎么高了。**

第二章
关注宝宝的必需营养素

没有一种天然食物所含有的营养物质能满足人体全部的生理需要，只有进食尽可能多样的食物，才能使宝宝获得生长所需的全部营养物质。

DHA 提升宝宝智力的黄金元素

营养解读

DHA 学名为二十二碳六烯酸，俗称脑黄金，一直是婴幼儿营养素中的一大焦点。DHA 是宝宝的大脑发育、成长的重要物质之一，是一种对人体非常重要的多不饱和脂肪酸。DHA 是神经系统细胞生长及维持的一种主要元素，是大脑和视网膜的重要构成成分，在大脑皮层中含量高达 20%，在视网膜中所占比例最大约占 50%，对宝宝智力和视力发育至关重要。宝宝对 DHA 的摄取主要来自于母乳。

食物来源

DHA 的来源主要是母乳。鱼肉中含有丰富的 DHA，深海鱼类中如三文鱼、金枪鱼、沙丁鱼、秋刀鱼等 DHA 含量很高。另外，鸡蛋、猪肝等也富含 DHA。

专家建议

DHA 易氧化，最好与维生素 C、维生素 E 及 β- 胡萝卜素等有抗氧化作用的营养成分一同摄取。另外，保存含有 DHA 的配方奶粉时也要注意放在避光处，以免氧化。

营养缺乏症状

如果缺乏 DHA 可引发一系列症状，包括生长发育迟缓、皮肤异常鳞屑、智力障碍等。

鱼末豆腐（适合 9 个月宝宝）

好食材

新鲜鱼肉 20 克（最好是深海鱼），豆腐一小块，大米 50 克。

精心做

1. 鱼肉洗净，去刺，切末；豆腐切小条；大米洗净。
2. 将大米放入锅中，加适量清水，大火煮沸后转小火，加入鱼肉、豆腐同煮至熟。

叶酸 提高智力并保护宝宝肠道

营养解读

叶酸是B族维生素的一种，亦称为维生素B_9，属于水溶性维生素。叶酸还是制造红血球不可缺少的物质，它可以帮助蛋白质的代谢，在制造核酸上扮演重要角色。叶酸在婴幼儿生长发育过程中，掌管着血液系统，起到促进宝宝组织细胞发育的作用，并能够提高智力，是宝宝成长过程中不可缺少的营养成分。叶酸还可以增进食欲和刺激胃酸的生成，胃酸可防止肠内寄生虫和食物中毒，起到很好的保护宝宝肠道的作用。

食物来源

凡是含维生素C的食物如新鲜蔬菜和水果都含叶酸，如莴笋、西红柿、胡萝卜、菜花、油菜、小白菜、蚕豆、蘑菇、樱桃、香蕉、柠檬、葡萄、猕猴桃、梨等。谷物类中小米、大麦、米糠、小麦胚芽、糙米等都含有丰富的叶酸。

专家建议

叶酸对婴幼儿的神经细胞与脑细胞发育有促进作用。研究表明，在3岁以下的婴儿食品中添加叶酸，有助于促进其脑细胞生长，并有提高智力的作用。

营养缺乏症状

叶酸缺乏时，细胞内DNA合成减少，细胞的分裂成熟发生障碍，会引起巨幼红细胞性贫血；还会导致消化道障碍，如胃肠不适、神经炎、腹泻等问题产生；宝宝心智发育迟缓也跟缺乏叶酸有关；如果在孕期缺乏叶酸的话，还可能引起胎儿神经管畸形。

丝瓜粥（适合8个月宝宝）

好食材

丝瓜50克，大米40克，虾皮适量。

精心做

1. 丝瓜洗净去瓤，切成小块；大米洗净，用水浸泡30分钟。
2. 大米倒入锅中，加水煮成粥，将熟时，加入丝瓜块和虾米同煮，烧沸入味即可。

牛磺酸 对脑神经的发育起重要作用

营养解读

牛磺酸具有多种生理功能，是宝宝健康必不可少的一种营养素。牛磺酸在脑内的含量丰富、分布广泛，能明显促进神经系统的生长发育和细胞增殖、分化，在脑神经细胞发育过程中起重要作用。可提高神经传导和视觉机能，多食可保持敏锐的视觉。

牛磺酸还能促进垂体激素分泌，活化胰腺功能，从而改善机体内分泌系统的状态，对机体代谢以有益的调节；并具有促进有机体免疫力增强和抗疲劳的作用。补充适量牛磺酸不仅可以提高学习记忆速度，而且还可以提高学习记忆的准确性，并且对神经系统的抗衰老也有一定作用。

食物来源

母乳中牛磺酸含量最丰富，尤其是初乳中。在所有的生物中，牛磺酸含量最丰富的是海产品，如章鱼、虾、牡蛎等。除此之外，蚕豆和黑豆的牛磺酸含量也不少，而肉类中除了牛肉的牛磺酸含量还算丰富外，其他肉类的含量都很少。

专家建议

牛磺酸易溶于水，所以要经常用鱼、贝类给妈妈和宝宝煮汤。另外，牛奶中几乎不含牛磺酸，如果没有条件进行母乳喂养的宝宝，尽量使用配方奶粉来喂养宝宝。

清炒蚕豆 (适合 2 岁宝宝)

好食材

新鲜蚕豆 150 克，葱花、盐各适量。

精心做

1. 将新鲜蚕豆洗净。
2. 油锅烧至八成热，放入葱花炒香，再将蚕豆倒入翻炒，加少许水焖煮，水要没过蚕豆。
3. 蚕豆绵软时即表示蚕豆已熟，出锅前加盐调味即可。

卵磷脂 提升记忆力不可少

营养解读

卵磷脂被誉为与蛋白质、维生素并列的“第三营养素”。对于快速成长的宝宝来说，卵磷脂可以促进大脑神经系统的发育与脑容积的增长，从而增强记忆力。

食物来源

蛋黄、牛奶，动物的脑、骨髓、心脏、肺脏、肝脏、肾脏以及黄豆和酵母中都含有卵磷脂。

专家建议

卵磷脂在体内多与蛋白质结合，以脂肪蛋白质的形态存在着，如果能摄取足够种类的食物，就不必担心会有缺乏的问题。

蛋花豆腐羹（适合8个月宝宝）

好食材

鸡蛋黄1个，南豆腐20克，高汤50克，小葱末适量。

精心做

1. 蛋黄搅匀；豆腐捣碎。
2. 锅中加入高汤，煮开后，放入豆腐慢炖，然后淋入蛋黄液，稍煮。
3. 出锅时，撒上小葱末即可。

碳水化合物 维持大脑神经系统正常功能

营养解读

碳水化合物有一个很通俗的名字——糖类，它能为宝宝的身体提供热量。宝宝饮食中的糖类多为乳糖和蔗糖，乳糖来源于各种奶类。初生的宝宝能消化吸收乳糖，但对蔗糖消化能力差。

碳水化合物提供宝宝身体正常运作的大部分能量，起到保持体温、促进新陈代谢、驱动肢体运动和维持大脑神经系统正常功能的作用。特别是大脑的功能，完全靠血液中的碳水化合物氧化后产生的能量来支持。碳水化合物中有一类是不被消化的纤维，有吸水和吸脂的作用，有助于宝宝大便畅通。

专家建议

避免高碳水化合物、低蛋白的喂养方式。由于我国居民饮食结构的问题，许多地方偏重碳水化合物的喂养，满月后就开始给宝宝喂淀粉类食物，使能量供给构成比例失调，蛋白质的供给不足。而此时由于碳水化合物的过多摄入，出现体重超标的假象。宝宝大脑发育快，蛋白质需要量大，若供给不足可使脑细胞营养不良，从而限制了智力的发育。

食物来源

碳水化合物的主要食物来源有：谷物，如水稻、小麦、玉米、大麦、燕麦、高粱等；水果，如甘蔗、甜瓜、西瓜、香蕉、葡萄等；蔬菜，如胡萝卜、红薯等。

栗子粥（适合 8 个月宝宝）

好食材

栗子 20 克，大米 50 克。

精心做

1. 栗子煮熟，去皮，捣碎；大米洗净。
2. 将大米放入锅中，加适量清水，熬煮至七成熟，放入栗子，同煮至熟，即可。

脂肪 供给宝宝成长的必需能量

营养解读

脂肪是营养素中不可缺少的组成部分，主要功能是供给热量及促进脂溶性维生素的吸收，减少体热散失，保护脏器不受损伤。脂肪也是组成生物体的重要成分，如磷脂是构成生物膜的重要组分，油脂是机体代谢所需燃料的贮存和运输形式。

食物来源

除食用油脂含约 100% 的脂肪外，含脂肪丰富有动物性食物和坚果类。动物性食物以畜肉类含脂肪最丰富，且多为饱和脂肪酸；一般动物内脏除大肠外含脂肪量都较低，但蛋白质的含量较高。鱼类脂肪含量基本在 10% 以下，多数在 5% 左右，且其脂肪含不饱和脂肪酸多。蛋类以蛋黄含脂肪最高，为 30% 左右，但全蛋仅为 10% 左右，其组成以单不饱和脂肪酸为多。除动物性食物外，植物性食物中以坚果类含脂肪量最高，最高可达 50% 以上，其脂肪组成多以亚油酸为主，所以是多不饱和脂肪酸的重要来源。

专家建议

在冬季，身体需要较多的热量保暖，活动量大的时候，宝宝热量消耗得多，这些都是应该给宝宝多吃高脂食品的时候。

营养缺乏症状

脂肪摄入量不足时，宝宝身体消瘦，面无光泽，还会造成脂溶性维生素 A、维生素 D、维生素 E 和维生素 K 的缺乏，从而发生相应的疾病。

核桃瘦肉汤 (适合 1.5 岁宝宝)

好食材

核桃仁 15 克，猪腿肉 20 克，姜片、盐各适量。

精心做

1. 猪腿肉洗净，切小块。
2. 将核桃仁、猪腿肉、姜片放入砂锅中，加适量清水，大火煮沸，转小火炖煮 40 分钟，加盐调味即可。

蛋白质 宝宝智力发展的关键元素

营养解读

宝宝的生长、发育、运动、遗传、繁殖等一切生命活动都离不开蛋白质。蛋白质可以构成细胞和组织，促进宝宝生长发育，参加体内物质代谢，形成抗体，增强免疫力和供给热量。蛋白质还可以修补人体组织，维持机体正常的新陈代谢和各类物质在体内的输送，维持体液的酸碱平衡。

专家建议

有些宝宝会对奶制品和海产品中的蛋白质过敏，第一次添加这类辅食时，家长要仔细观察宝宝有没有异常，如皮肤充血、瘙痒，呕吐，腹泻，湿疹等。一旦发生了过敏反应，则要暂停食用此类食物，如果过敏严重，需及时寻求医生帮助。

食物来源

肉类、奶及奶类制品中含有的蛋白质比较多；蛋类如鸡蛋、鸭蛋、鹌鹑蛋，以及鱼、虾、蟹等海产品中含量也比较高；大豆类，其中以黄豆的营养价值最高，它是优质的蛋白质来源；此外像芝麻、瓜子、核桃、杏仁、松子等坚果类蛋白质的含量均较高。

营养缺乏症状

缺乏蛋白质时，宝宝往往表现为生长发育迟缓、体重减轻、身材矮小、偏食、厌食。同时，对疾病抵抗力下降，容易感冒，破损的伤口不易愈合等。

牛肉鸡蛋粥 (适合 1.5 岁宝宝)

好食材

牛里脊肉 20 克，鸡蛋 1 个，大米 30 克，葱花、生抽、料酒、盐各适量。

精心做

1. 牛里脊肉洗净，切片，用生抽、料酒、盐腌制 20 分钟；鸡蛋打散；大米洗净，浸泡 30 分钟。
2. 将大米放入锅中，加适量清水，大火煮沸，放入牛里脊肉，同煮至熟，淋入蛋液稍煮，撒上葱花即可。

B族维生素 营养神经和维护心肌功能

营养解读

B 族维生素是水溶性物质，主要参与人体的消化吸收功能和神经传导功能。B 族维生素是一个大家庭，它可以分为维生素 B_1、维生素 B_2、维生素 B_5、维生素 B_6、维生素 B_{12} 等许多种。B 族维生素之间有协同作用——也就是说，一次摄取全部的 B 族维生素，要比分别摄取效果更好。

食物来源

米糠、全麦、燕麦、花生、猪肉等，大多数种类的蔬菜及牛奶中含大量的维生素 B_1。

牛奶、动物肝脏与肾脏、酵母、奶酪、绿叶蔬菜、鱼、蛋类都是丰富的维生素 B_2 的食物来源。

维生素 B_6 在酵母、小麦麸、麦芽、动物肝脏与肾脏、大豆、糙米、蛋类、燕麦、花生、核桃中的含量较高。

专家建议

维生素 B_1、维生素 B_2、维生素 B_6 容易氧化，所以相应的食物宜采用焖、蒸、做馅等方式加工；维生素 B_1、维生素 B_2 在碱性条件下会分解，而在酸性环境中可耐热，所以可以在烹调时适量加一点醋。

营养缺乏症状

维生素 B_1 缺乏会引起手脚发麻及多发性神经炎和脚气病，有时还会引起消化不良。

缺乏维生素 B_2 时，宝宝容易出现口臭、睡眠不佳、精神倦怠、皮肤“出油”、皮屑增多等，有时会产生口腔黏膜溃疡、口角炎等症状。

肉菜粥 (适合 1 岁宝宝)

好食材

大米 40 克，猪瘦肉末 20 克，青菜 50 克，酱油适量。

精心做

1. 大米洗净；青菜洗净，切碎。
2. 油锅烧热，倒入肉末翻炒，再加入酱油，加入适量水，将大米放入锅内，煮熟后加入碎菜末，煮至熟烂为止。

维生素A 促进牙齿与骨骼的发育

营养解读

维生素A是脂溶性物质，可以贮藏在体内。维生素A有两种。一种是维生素A醇，又称视黄醇，是最初的维生素A形态；另一种是β-胡萝卜素，也称为维生素A原，在人体内可以转变为维生素A。维生素A可促进牙齿、骨骼正常生长；保护表皮、黏膜，使细菌不易伤害；可调节眼睛适应外界光线的强弱，以预防夜盲症的发生；促进上皮组织细胞的生长，防止皮肤黏膜干燥角质化；增强宝宝对疾病感染的抵抗力等。

食物来源

维生素A醇，主要存在于动物的肉、内脏、肝脏中，奶及奶制品（未脱脂奶）以及鱼类中。维生素A原，即各种胡萝卜素，存在于植物性食物中，如绿叶菜类、黄色菜类以及水果类，含量较丰富的有菠菜、油菜、空心菜、豌豆苗、红薯、胡萝卜、青椒、南瓜、杏、柿子、草莓等。

专家建议

维生素A与B族维生素、维生素D、维生素E及钙、磷、锌一起搭配食用，最能发挥功效。

营养缺乏症状

维生素A缺乏的宝宝皮肤变得干涩、粗糙、浑身起小疙瘩；头发稀疏、干枯、缺乏光泽；指甲变脆，形状改变；眼睛结膜与角膜亦发生病变成干眼病，暗适应能力下降、夜盲；黏膜及上皮组织改变；生长发育受阻；味觉、嗅觉减弱，食欲下降；记忆力减退、心情烦躁及失眠等。

猪肝绿豆粥（适合8个月宝宝）

好食材

猪肝15克，绿豆10克，大米30克，白醋适量。

精心做

1. 猪肝用白醋浸泡，洗净，切碎；绿豆洗净，浸泡1小时；大米洗净。
2. 将大米、绿豆放入锅中，加适量清水，大火煮沸，放入猪肝，同煮至熟。

维生素C 提高免疫力和大脑灵敏度

营养解读

维生素C又叫抗坏血酸，是一种水溶性维生素。我们身边富含维生素C的食品很多。正常哺喂的食品基本可以满足宝宝身体对维生素C的需要。维生素C可维持细胞的正常代谢，保护酶的活性；可以改善铁、钙的吸收和叶酸的利用率；促进牙齿和骨骼的生长，防止牙龈出血；可以增强机体对外界环境的抗应激能力和免疫力等。

食物来源

维生素C在新鲜的蔬菜和水果中含量丰富。富含维生素C的水果有猕猴桃、红枣、柚子、橙子、草莓、柿子、番石榴、山楂、荔枝、桂圆、芒果、无花果、菠萝、苹果、葡萄等。富含维生素C的蔬菜有苤蓝、苋菜、青蒜、蒜薹、香椿、菜花、苦瓜、甜椒等。

专家建议

维生素C与维生素E是一对好搭档，如果水溶性的维生素C与脂溶性的维生素E一同摄取，二者就会各自发挥作用，从而提高抗氧化能力。

营养缺乏症状

维生素C缺乏时机体抵抗力减弱、易患传染性疾病，表现在宝宝身上最常见的是经常性的感冒。它还参与造血代谢等多项过程，缺乏时表现为出血倾向，如皮下出血、牙龈肿胀出血、鼻出血等，同时伤口不易愈合。

猕猴桃汁 (适合6个月宝宝)

好食材

猕猴桃30克。

精心做

1. 猕猴桃洗净，去皮，切小块。
2. 将猕猴桃块，放入榨汁机中，加入适量温开水后一同打匀，滤出猕猴桃汁即可。

维生素 E 维护机体免疫力

营养解读

维生素 E 是一种具有抗氧化功能的维生素，对婴幼儿来说，维生素 E 对维持机体的免疫功能、预防疾病的发生起着重要的作用。由于维生素 E 的需要量受饮食中多不饱和脂肪酸含量影响，所以在婴儿食物中含有较多植物油时要注意维生素 E 的适当补充。有的新生儿（主要是早产儿）体内维生素 E 水平较低，可引起溶血性贫血。

食物来源

各种植物油（麦胚油、棉籽油、玉米油、花生油、芝麻油）、谷物的胚芽、许多绿色植物、肉、奶油、奶、蛋等都是维生素 E 良好或较好的来源。

专家建议

宝宝的饮食中若富含多不饱和脂肪酸（植物油、鱼类油），就必须补充维生素 E；饮用的自来水若是用氯消毒的，膳食中也应该补充维生素 E。

营养缺乏症状

在婴幼儿时期，维生素 E 缺乏主要表现为皮肤粗糙干燥、缺少光泽、容易脱屑以及生长发育迟缓等。

火龙果奶汁（适合 1 岁宝宝）

好食材

配方奶 50 毫升，猕猴桃 1 个，火龙果半个，葡萄干适量。

精心做

1. 火龙果和猕猴桃洗净、去皮，切成小丁。
2. 配方奶加水调匀，倒入锅中稍煮。
3. 将切好的水果丁和葡萄干加到配方奶中，搅拌均匀即可。

钙 增强宝宝脑神经组织的传导能力

营养解读

钙是体内含量最多的矿物质,99% 存在于骨骼和牙齿之中,1% 的钙分布在血液、细胞间液及软组织中。钙可以维持强健的骨骼和健康的牙齿;维持规则的心律;缓解失眠症状;帮助体内铁的代谢;强化神经系统,特别是对刺激的传导机能。

食物来源

黄豆、豆腐、豆腐干和奶制品都是优质的补钙食品。每 100 克的牛奶中含有 104 毫克的钙,100 克的酸奶含有 118 毫克的钙。另外,坚果和鸡蛋也是钙源丰富的食物。海产品如鱼、虾皮、虾米、海带、紫菜;蔬菜中的金针菜、胡萝卜、小白菜、小油菜等含钙量也较高。

专家建议

单纯补钙不可取。补钙的关键是吸收,单纯补钙并不能增加宝宝对钙的吸收。要在维生素 D 的帮助下,钙才能顺利地吸收到体内。由于日常膳食中所含的维生素 D 并不多,而宝宝每天的需要量是 400 国际单位,因此,2 岁以下的宝宝每天还要补充适量的鱼肝油。另外,皮肤中的脱氢胆固醇能在紫外线的照射下,转变成维生素 D,因此最好能让宝宝多参加户外活动晒晒太阳。

营养缺乏症状

与温度无关的多汗、精神烦躁、夜惊、1 岁以后的宝宝表现为出牙晚。

虾仁炒豆腐 (适合 1 岁宝宝)

好食材

鲜虾、豆腐各 50 克,葱花、料酒、盐各适量。

精心做

1. 鲜虾剥去壳,挑出虾线,洗净;豆腐切小块。
2. 油锅烧热,放入葱花炒香,然后加入鲜虾、豆腐同炒,倒入料酒,翻炒至熟,加盐调味即可。

铁 最佳造血剂

营养解读

铁是造血不可或缺的元素。宝宝出生后体内储存有从母体获得的铁，可供5~6个月之需。由于母乳、牛奶中含铁量都较低，如果6个月后不及时添加含铁丰富的食物，宝宝就会出现营养性缺铁性贫血。铁可以与蛋白质结合形成血红蛋白，在血液中参与氧的运输；铁与免疫的关系也比较密切，可以提高机体的免疫力，增加中性白细胞和吞噬细胞的吞噬功能，同时也可使机体的抗感染能力增强。

食物来源

动物的肝脏、蛋黄、瘦肉、虾、海带、紫菜、木耳、南瓜子、芝麻、黄豆、绿叶蔬菜等。另外，动、植物食物混合吃，铁的吸收率可以增加一倍。

专家建议

单纯用乳类喂养而不及时添加含铁较多的辅食，容易发生缺铁。婴儿期宝宝发育较快，早产儿体重增加更快。随体重增加血容量也增加较快，如不添加含铁丰富的食物，婴儿尤其是早产儿很容易缺铁。正常婴儿每天排泄的铁比成人多，出生后2个月内由粪便排出的铁比由饮食中摄入的铁多，由皮肤损失的铁也相对较多。

营养缺乏症状

缺乏铁元素最直接的危害就是造成宝宝缺铁性贫血。常常表现为疲乏无力，面色苍白，皮肤干燥、角化，毛发无光泽、易断、易脱，指甲条纹隆起，严重者指甲扁平，甚至呈“反甲”。

紫菜芋头粥（适合8个月宝宝）

好食材

紫菜10克，银鱼20克，芋头10克，绿叶菜20克，大米30克。

精心做

1. 紫菜撕成丝；银鱼洗净，切碎，用热水烫熟；芋头洗净，煮熟，去皮，压成芋头泥；绿叶菜、大米均洗净。
2. 将大米放入锅中加水，煮成粥，出锅前加入紫菜丝、银鱼碎、芋头泥、绿叶菜略煮即可。

碘 提升宝宝智力水平

营养解读

碘是人体必需的微量元素，也有人称之为智力元素。0~3 岁是脑细胞发育的关键时段，此时碘营养是否正常摄入，直接影响到宝宝一生的智力水平。

人体内 80% 的碘存在于甲状腺中，碘的生理功能主要通过甲状腺激素表现出来，不仅对调节机体物质代谢必不可缺，对机体的生长发育也非常重要。

食物来源

平时烹调宝宝食物坚持用合格碘盐，并应适当食用一些富含碘的天然食物，如海带、紫菜、海鱼、虾等。

营养缺乏症状

婴儿期的宝宝缺碘，可引起克汀病，表现为智力低下，听力、语言和运动障碍，身材矮小，上半身比例大，有黏液性水肿，皮肤粗糙干燥，面容呆笨，两眼间距宽，鼻梁塌陷，舌头经常伸出口外。幼儿期缺碘则会引发甲状腺肿大。

海带鸭血汤 (适合 1.5 岁宝宝)

好食材

水发海带、鸭血各 50 克，葱花、姜片、鸡汤各适量。

精心做

1. 水发海带洗净，切片；鸭血切成小块。
2. 油锅烧热，放入葱花、姜片炒香，再放入海带片快速翻炒，最后放入鸭血同炒，加入鸡汤，小火煮至鸭血熟透即可。

锌 促进宝宝生长发育

营养解读

锌是宝宝生长发育必需的营养元素，母乳中的锌含量能满足宝宝生长发育的需要。初乳中含锌量达到20毫克/升，3~6个月的母乳中含锌量也能达到2~3毫克/升，因此母乳喂养的宝宝很少患锌缺乏症。但随着母乳质量的下降和辅食添加，食物补锌是妈妈一定要牢记的营养原则。而对哺乳妈妈而言，应该重点补充锌元素。

食物来源

海产品中牡蛎、鱼类含锌量较高；动物性食物中如猪肉、猪肝、鸡肉、牛肉等也含丰富的锌。另外，豆类、坚果等都是补锌的好来源。

专家建议

宝宝头发稀黄的原因很多，如遗传、营养水平等，不一定就是缺锌。宝宝在1岁以内头发稀黄属生理现象，一般来说不是疾病。1岁后就与宝宝的营养水平有很大的关系了。但如果宝宝食欲好、身体健康、营养全面，这种现象一般不是缺锌造成的。如果宝宝食欲差，有异食癖，出现色素沉着，生长发育缓慢等，父母应及时带宝宝去医院检查。

营养缺乏症状

锌缺乏对宝宝的味觉系统有不良的影响，导致味觉迟钝及食欲不振，出现异食癖，生长停滞。锌缺乏的宝宝会出现皮肤粗糙干燥、头发易断没有光泽，创伤的愈合比较慢等症状。

松子鸡肉卷（适合1.5岁宝宝）

好食材

鸡胸肉80克，虾仁50克，松子仁25克，胡萝卜15克，蛋清、盐、料酒、水淀粉各适量。

精心做

1. 将鸡胸肉洗净，片成大薄片；胡萝卜洗净，去皮，切小条；松子仁洗净；虾仁切碎剁蓉，放入碗中，加盐、料酒、蛋清和水淀粉搅匀。
2. 将鸡片平摊，在鸡片中间放入虾蓉和松子，卷成卷后把胡萝卜末塞入卷的两头。
3. 将做好的鸡卷放入蒸锅，大火蒸6~8分钟即可。

硒 对抗自由基的有力武器

营养解读

硒是维持人体正常生理功能的重要微量元素，有专家研究微量元素与宝宝智力发育的关系时发现，先天愚型宝宝血浆硒浓度较正常值偏低。硒还有抗氧化、促进免疫力功能、抗衰老等作用，能保护并稳定细胞膜，对汞、镉、铅等重金属有解毒作用，可以保护心血管和心肌健康，还有助于宝宝的视力发育和提高。我国的黑龙江、吉林、山东、江苏、福建、四川、云南、青海、西藏等省份均存在严重缺硒区。因此，生活在上述地区的家长也要密切关注自己的宝宝是不是缺硒。

食物来源

硒含量高的动物性食物有：猪肾、鱼、小海虾、对虾、海蜇皮、驴肉、羊肉、鸭蛋黄、鹌鹑蛋、鸡蛋黄、牛肉。

硒含量高的植物性食物有：干松蘑、茴香、芝麻、大杏仁、枸杞子、花生、黄菜花、豇豆等。

营养缺乏症状

宝宝缺硒易患假白化病，表现为牙床无色，皮肤、头发无色素沉着以及大细胞贫血等症。

豌豆炒虾仁（适合2岁宝宝）

好食材

豌豆、虾仁各50克，鸡汤、盐各适量。

精心做

1. 豌豆洗净；虾仁泡发好。
2. 油锅烧至四成热，加入豌豆煸炒片刻，再加入虾仁煸炒2分钟左右，倒入鸡汤，待汤汁浓稠时，加盐调味即可（小宝宝在吃的时候，妈妈可先用勺子将豌豆捣碎，防止宝宝卡喉）。

第三章
4 个月 果水菜水尝尝看

4 个月以后随着婴儿的长大，他的体重不断增加，对能量及各种营养素的需求也相应增加，但母乳的分泌量及营养价值是随着时间的推移逐渐下降的，所以单靠母乳已不能完全满足婴儿的营养需要。4 个月后婴儿体内铁的储备也已大部分被利用，而乳类本身缺乏铁质，需要及时从食物中补充。如果是人工喂养的宝宝，从现在起可以尝尝果水菜水啦。

宝宝发育情况

宝宝到第 4 个月末时，后囟门将闭合；头看起来仍然较大，这是因为头部的生长速度比身体其他部位快，这十分正常，他的身体很快可以赶上。这个时期宝宝的增长速度开始稍缓于前 3 个月。到满 4 个月时：男宝宝体重 4.7~8.5 千克，身高 58.3~69.1 厘米；女宝宝体重 4.5~7.7 千克，身高 56.9~67.1 厘米。

喂养重点

4 个月的宝宝继续提倡母乳喂养，但是人工喂养或混合喂养的宝宝，如果出现辅食添加的一些信号，应当适当添加一些辅食，可从果水、菜水开始尝试。每加一种新的食品，都要观察宝宝的消化情况，如果出现腹泻，就要立即停止添加这种食物。当然，宝宝的主食还应以母乳或配方奶为主。

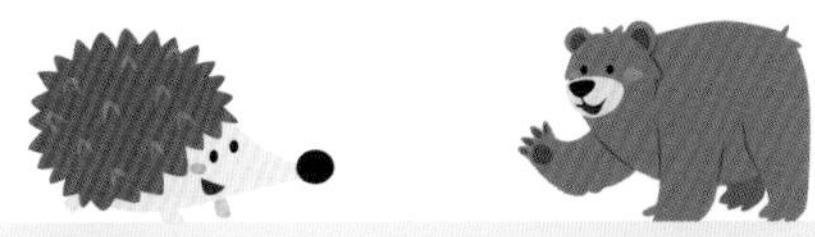

主食	母乳或母乳 + 配方奶
餐次及用量	每次喂 150~200 毫升 上午 6:00、12:00 下午：15:00 晚上：21:00、24:00
添加食物	果水、菜水
餐次及用量	上午 9:00 下午 18:00，各类辅食调剂食用，每次 30~40 毫升

开始长牙了

由于宝宝的唾液分泌增多且口腔较浅，加之闭唇和吞咽动作还不协调，宝宝还不能把分泌的唾液及时咽下，所以会流很多口水。宝宝开始出牙的时间差异很大，正常范围是4~10个月，只要10个月以内出牙都属于正常。

断奶不宜过早

母乳喂养是人类哺喂宝宝的最理想方式，同时也能预防妈妈的各种妇科慢性疾病甚至乳腺癌，而世界卫生组织也建议纯母乳喂养最少保持6个月。如果条件允许，则最好坚持哺乳24个月。

不要过早或过晚添加辅食

有一些家长总想给宝宝早一点添加辅食，似乎早一点添加辅食宝宝就会越吃越壮，岂不知，过早添加辅食对宝宝害处多多。这是因为小婴儿胃肠道发育还不成熟，肠黏膜屏障包括它的物理性保护机制(胃酸、黏液、蛋白水解酶、肠蠕动和黏膜表皮)以及肠淋巴组织、分泌性免疫球蛋白A、细胞的免疫性保护机制，要到宝宝6个月时才能发育完善。因此，在出生后的头几个月中，宝宝肠道的通透性较大，一直持续到宝宝3~4个月时。而且消化酶系统也发育不成熟，造成进入体内的蛋白质未充分分解即吸收入血，引起胃肠道过敏反应。

宝宝唾液腺分泌到4个月才开始逐渐增加，5~6个月分泌量增多。唾液具有消化和抑制细菌生长的作用，同时唾液中还有消化酶，主要是淀粉酶分泌增加，能对食物进行初步的消化。

因此根据宝宝生理发育的特点是不能过早添加辅食的。当然，每个宝宝发育是有差异的。如果你的宝宝已经完全具备添加辅食的条件就可以添加了。但是最早不能早于4个月，最晚不能晚于8个月。

苹果的营养价值高

辅食添加首先都会先考虑苹果，这种最常见的水果非常温和，不容易造成过敏，还含有丰富的营养素。苹果生吃可以获得更多维生素，而煮熟的苹果更软，有利于缓解大便干燥。

苹果水

好食材

苹果半个。

精心做

1. 将苹果洗净，削皮去核。
2. 切成块或丝，加适量温开水，用榨汁机榨成汁即可。
3. 倒出苹果汁，沉淀一下，给宝宝试喂30毫升左右。

营养讲解

苹果内富含锌，锌是人体中许多重要酶的组成成分，是促进生长发育的重要元素，宝宝常常吃苹果可以增强记忆力，具有健脑益智的功效。

白菜水

好食材

新鲜白菜叶 1 大片。

精心做

1. 将新鲜白菜叶洗净切碎。
2. 锅内放适量的水烧开，加入洗净切碎的白菜并煮开，再用小火煮3~5分钟。
3. 放凉后，用汤匙挤压蔬菜取汤即可。

营养讲解

大白菜中膳食纤维和维生素C的含量较高，对宝宝的肠道健康和免疫力的提高都有很大帮助。白菜中锌的含量也在蔬菜中名列前茅，对提高宝宝免疫力、促进大脑发育有很好的作用。

鲜橙汁

好食材

橙子 1 个(实际使用半个)。

精心做

1. 将橙子横向一切为二，将剖面覆盖在挤橙器上旋转，使橙汁流出。
2. 喂食时，可加些温开水，对水比例从2:1到1:1。

营养讲解

橙汁可以补充母乳内维生素C的不足，增强宝宝的抵抗力，促进宝宝的生长发育，预防坏血病的发生。

梨很容易被消化

梨是很好的水果，在宝宝的肠胃里很容易被消化，它能缓解宝宝的便秘症状。寒冷的冬季，气候干燥，宝宝易患感冒咳嗽，可以给宝宝经常喝些梨水。

雪梨汁

好食材

雪梨半个。

精心做

1. 将雪梨洗净，去皮，去核，切成块。
2. 放入榨汁机，加入适量温开水一同打匀，滤出汁水即可。

营养讲解

梨味甘酸而平，有润肺清燥、止咳化痰、养血生肌的作用。梨富含膳食纤维，是很好的肠胃“清洁工”。

西瓜汁

好食材

西瓜1块。

精心做

1. 将西瓜瓤放入碗中，用匙捣烂，再用消毒纱布过滤后取汁即可。
2. 喂食时，可加些温开水，对水比例从2:1到1:1。

营养讲解

西瓜含有大量的水分，夏天有解暑的作用，对缓解急性热病发烧有一定的作用。吃西瓜可利尿，并使大便通畅。

猕猴桃汁

好食材

猕猴桃1个。

精心做

1. 猕猴桃洗净去掉外皮，切成小块。
2. 放入榨汁机，加入适量温开水后一同打匀，滤出汁即可。

营养讲解

猕猴桃果肉多汁，清香鲜美，甜酸宜人，它最大的营养价值就是维生素C含量丰富，一个中等大小的猕猴桃提供的维生素C就超过了一个成人一天的需要。

香蕉是天然的“开心果”

软绵绵的香蕉味道清香，宝宝容易咀嚼也喜欢这种味道，更重要的是香蕉不容易引起过敏。香蕉中含有泛酸等成分，是天然的“开心激素”，能减轻心理压力，令人开心快乐。

香蕉汁

好食材

香蕉半根。

精心做

1. 香蕉去皮，切成小块。
2. 放入榨汁机里。加入适量温开水，榨成汁即可。

营养讲解

香蕉果肉营养价值颇高，其中胡萝卜素能促进生长，增强对疾病的抵抗力，是维持正常的生殖力和视力所必需的营养物质。

香瓜汁

好食材

香瓜半个。

精心做

1. 香瓜去皮，剜出瓤后切成小块。
2. 用勺子捣碎，用清洁的纱布挤出汁液即可。

营养讲解

香瓜含有钙、磷、铁以及多种维生素等宝宝成长不可缺少的营养物质，常饮用香瓜汁可以促进血液循环、帮助消化，预防口干舌燥等。

葡萄汁

好食材

葡萄 30 克。

精心做

1. 葡萄去皮，去子。
2. 将葡萄放入榨汁机内，加入 80 毫升温开水后一同打匀，过滤出汁液即可。

营养讲解

葡萄富含有机酸和矿物质，以及多种维生素、氨基酸等，能促进食物消化、吸收，有利于宝宝的健康成长。

黄瓜生食好处多

黄瓜水分多、清甜可口，能促进食欲。黄瓜富含维生素C，维生素C可保护牙龈健康。处于长牙期的宝宝可以让他手拿着黄瓜吃，锻炼宝宝的手、眼协调能力，并且能帮助磨牙。

黄瓜汁

好食材

黄瓜 20 克。

精心做

1. 新鲜黄瓜洗净，去皮，切成小丁。
2. 放入榨汁机中，加入适量温开水，一起打匀，滤出黄瓜汁即可。

营养讲解

黄瓜中含有的葫芦素C具有提高人体免疫功能的作用。黄瓜含有维生素B_1，对改善大脑和神经系统功能有利。

油菜汁

好食材

油菜 2 棵。

精心做

1. 油菜洗净，切碎。
2. 放入开水锅中，菜与水的比例约为 1:3，煮 5 分钟后取汁即可。

营养讲解

油菜中含有丰富的维生素，特别是叶酸含量较高，能促进宝宝大脑发育。

菜花汁

好食材

菜花 30 克，盐少许。

精心做

1. 菜花掰成小朵，用盐水泡 5 分钟，洗净。
2. 把菜花放入热水锅中焯熟，取出后加适量温开水，用榨汁机榨汁即可。

营养讲解

宝宝常吃菜花，可促进生长、维持牙齿及骨骼正常、保护视力、提高记忆力。

菠菜是冬季的当家菜

菠菜富含维生素和矿物质，是每年11月到第二年早春，青黄不接季节里不可多得的绿色蔬菜之一。菠菜中含有大量草酸盐，它会干扰宝宝对钙和铁的吸收利用，食用前用沸水先焯一下即可。

菠菜汁

好食材

菠菜3根。

精心做

1. 将菠菜择洗干净。
2. 沸水焯后切成小段。
3. 放入榨汁机中，加入适量温开水，一起打匀，滤出汁即可。

营养讲解

菠菜中所含的胡萝卜素，在人体内转变成维生素A，能维护正常视力和上皮细胞的健康，增强抵抗传染病的能力，促进宝宝生长发育。

山楂水

好食材

山楂3个。

精心做

1. 山楂洗净，去掉子，切成薄片。
2. 放入小汤锅内，加水，盖上盖煮10分钟，晾凉。
3. 把山楂水盛入杯中，加适量温开水搅匀即可。

营养讲解

山楂富含维生素C、维生素E及胡萝卜素，是很好的是抗氧化食物，能提高宝宝机体免疫力，增强体质。

橘子汁

好食材

橘子1个。

精心做

1. 将橘子洗净，切成两半。
2. 取一半橘子，切面朝下，套在旋转式榨汁器上，一边旋转一边向下挤压。
3. 倒出橘子汁，加入1倍的温开水即可给宝宝喂食。

营养讲解

橘子含水量高，并含大量维生素C、枸橼酸及胡萝卜素等，能够为宝宝的生长发育提供丰富的营养。

第四章
5 个月 大米汤喝起来

宝宝长到 5 个月以后，开始对乳汁以外的食物感兴趣了，即使 5 个月以前完全采用母乳喂养的宝宝，到了这个时候也会开始想吃母乳以外的食物了。最普通的食物最精贵，从祖祖辈辈传下来的大米油开始，让宝宝接受它的滋养吧。

察宝宝是否对其过敏。另外，每加一种新的食物，都要观察宝宝的消化情况，如果出现腹泻，就要立即停止添加这种食物。

另外，一定要注意食物的卫生，烹饪食物的时候注意器具和食材的严格消毒，以防止宝宝发生消化不良等不适。

主食	母乳或母乳 + 配方奶
餐次及用量	每次喂 150~200 毫升 上午 6:00、12:00 下午：15:00 晚上：21:00、24:00
添加食物	奶糊、大米汤、蔬菜汁、果汁等
餐次及用量	上午 9:00、下午 18:00 各类辅食调剂食用，每次 50~80 克

宝宝发育情况

宝宝眉眼等五官长开了，脸色红润而光滑，变得更可爱了。此时的宝宝显露出活泼、可爱的神态，身长、体重增长速度较前减慢。满 5 个月的时候：男宝宝体重 5.3~9.2 千克，身高 60.5~71.3 厘米。女宝宝体重 8.0~8.4 千克，身高 58.9~69.3 厘米。

喂养重点

刚刚添加辅食的宝宝很容易出现对食物过敏的现象，因此，妈妈在给宝宝添加辅食时要将每种食物分开添加，注意观

味觉已能区别食物味道

出生 5 个月的宝宝，舌头上已经形成有感觉味道作用的味蕾，此阶段是味觉发育和功能完善最迅速的时期。宝宝对食物味道的任何变化，都会表现出非常敏锐的反应并留下“记忆”。因此，宝宝能比较明确而精细地区别出食物酸、甜、苦、辣等各种不同的味道。

辅食慢慢加

辅食添加量从一两勺开始，以后逐步增加。开始只给少量，如果宝宝不呕吐，大便也正常，就可以逐渐加量。比如，米糊先喂一两勺，看宝宝是否有不良反应，

如果没有就可以逐渐加量。鸡蛋先吃蛋黄，从 1/4 个开始，逐渐加至 1/2 个、1 个。能吃整个蛋黄以后，适应一段时间再加上蛋白一起吃。先提供流质及泥糊状食物，依次提供米粉、蔬菜水或泥、水果汁或泥，果汁先从对水开始，然后再喝原汁，接下来是果泥。

大米汤：喂蛋白至少要等到宝宝 1 岁以后，有家族过敏史的宝宝喂蛋黄的时间可以推迟到 6 个月以后。建议先从单纯的大米汤开始以防过敏。

水果：酸味重的水果如柠檬先不要给宝宝吃。

进食量很小也要勤做

应把握好宝宝的食量。5个月的宝宝，其营养主要还是从母乳或配方奶中摄取，其他食物吃得少，并不奇怪。如果妈妈将食物做得过多，只会增加妈妈的压力和焦虑感，所以控制好应做的量是非常重要的。

初期的辅食又要捣碎，又要磨碎，如果每次都只做少量的食物，确实很费精力。可以使用宝宝专用食物研磨器，或者尺寸较小的烹饪器具。另外，每次只做少量的食物太辛苦了，比如做法繁琐的肉类辅食可以考虑一次性做几天的量，然后冷冻起来，需要时再食用。但像果泥、菜水、粥就要现吃现做。

尊重宝宝自然成长

宝宝进食，不管是辅食添加还是母乳喂养，目的是满足孩子的身体需要，使他能够健康地成长。但有些父母喂养宝宝的动机是溺爱。

因爱宝宝、关心宝宝而表现出对宝宝过多的喂养，把宝宝喂养得比较胖，以此说明家里比较富裕、经济状况比较好，这些复杂、不太健康的动机，容易喂养过度，导致宝宝肥胖而引发一系列的问题。不太正确的喂养方式可能会导致孩子的偏食、挑食。

不应该把自己的喜好强加给宝宝。父母在日常生活中，可能对食物有一定的选择，喜欢的就给宝宝吃，不喜欢的也就不做给宝宝吃，这都不是正确的。

老祖宗牌自制米汤

米汤，又叫做米油，使用上等大米熬稀饭或者煮粥时，凝结在表面上的一层粥油。米汤性味甘平，能滋阴长力，有很好的补养作用。清代名医王世雄在其著作中记载，米汤可代参汤，每每都有奇效。

大米汤

好食材

大米 1 把。

精心做

1. 将大米洗净，用水浸泡 1 小时，放入锅中加入适量水，小火煮至水减半时关火。
2. 用汤勺舀取上层的米汤，凉至微温即可。放温后取表面的米汤 30 毫升左右试喂宝宝。

营养讲解

大米汤味道香甜，含有丰富的蛋白质、碳水化合物及钙、磷、铁、维生素 C 等营养成分，而且是 B 族维生素的主要来源。

黑米汤

好食材

黑米适量。

精心做

1. 黑米淘洗干净（不要用力搓），用水浸泡1小时，不换水，直接放火上熬煮成粥。
2. 待粥温后取米粥上的清液20~30毫升，喂宝宝即可。

营养讲解

黑米所含锰、锌、铜比大米高，更含有大米所缺乏的维生素C、叶绿素、花青素等，这些是宝宝成长发育中不可或缺的营养素。

小米汤

好食材

小米适量。

精心做

1. 小米淘净，加水煮成稍稠的粥。
2. 待放温后取米粥上的清液30~40毫升喂宝宝即可。

营养讲解

小米富含蛋白质。由于宝宝在生长发育过程中，需要补充大量的优质蛋白质，所以小米是非常适合宝宝食用的。

生藕熟藕功效不一样

生吃鲜藕能清热解烦，解渴止呕，如将鲜藕压榨取汁，其功效更好，但不宜给小宝宝食用。煮熟的藕性味甘温，能健脾开胃，益血补心，有消食、止渴、生津的功效，适合给宝宝食用。

鲜藕梨汁

好食材

梨半个，莲藕20克。

精心做

1. 梨洗净去皮，切成小块。
2. 莲藕洗净去皮，切薄片，放在热水锅中煮熟烂。
3. 将梨块、莲藕片一同放入榨汁机中，加适量温开水，榨成汁。

营养讲解

莲藕中含有黏液蛋白和膳食纤维，还有鞣质，有一定健脾止泻作用，能增进食欲，促进消化。

西蓝花汁

好食材

西蓝花 30 克，盐少许。

精心做

1. 将西蓝花掰成小朵，用盐水泡 10 分钟，洗净。
2. 放在热水锅中煮熟。
3. 放入榨汁机中，加半杯温开水榨汁。

营养讲解

西蓝花富含维生素 C，宝宝常吃西蓝花，可促进生长、维持牙齿及骨骼正常、保护视力、提高记忆力，对宝宝身体发育有益处。

苋菜汁

好食材

苋菜 1 小把。

精心做

1. 苋菜洗净，切成小段，用沸水汆烫一下。
2. 放入搅拌机中，加半杯温开水榨汁。

营养讲解

苋菜含维生素 C、膳食纤维、蛋白质、脂肪、糖类、铁、钙、磷等，有解毒清热、清利湿热、通利二便的作用。

樱桃是补血佳品

樱桃的含铁量居水果首位，胡萝卜素的含量比葡萄、苹果、橘子多。铁元素在蛋白质合成及能量代谢等过程中，发挥着重要的作用，同时也与大脑及神经功能、衰老过程等有着密切关系。

樱桃汁

好食材

樱桃 50克

精心做

1. 樱桃洗净，去核、去梗。
2. 将樱桃放入榨汁机，加适量温开水榨成汁即可。

营养讲解

樱桃含铁量高，给宝宝喝樱桃汁可以促进宝宝血红蛋白再生，既可预防缺铁性贫血，又可增强体质，健脑益智。

莲藕苹果汁

好食材

莲藕20克，苹果半个。

精心做

1. 将莲藕洗净，去皮切成小块，煮熟；苹果去皮，去核，切块。
2. 将莲藕和苹果一起放入榨汁机，加入50毫升温开水榨汁。

营养讲解

鲜榨苹果汁具有丰富的可溶性膳食纤维，能够预防体内胆固醇堆积，促进胃肠的蠕动，帮助食物的消化，预防便秘。

苹果胡萝卜汁

好食材

苹果半个，胡萝卜小半根。

精心做

1. 将胡萝卜、苹果削皮，切成丁。
2. 将胡萝卜丁、苹果丁放入锅内，加适量水煮烂。用清洁的纱布过滤取汁。

营养讲解

胡萝卜能提供丰富的胡萝卜素，而苹果中的维生素C是心血管的保护神，二者搭配榨汁，特有的香气可以缓解不良情绪，有提神醒脑的作用。

西红柿熟吃营养价值更高

熟的西红柿营养价值较生的高，因为加热后，西红柿中的番茄红素和其他抗氧化剂明显增多，其对人体内有害的自由基有抑制作用。但是西红柿也不宜加热时间过长，否则将失去维生素等营养。

西红柿苹果汁

好食材

西红柿半个，苹果半个。

精心做

1. 将西红柿洗净，用开水烫后剥皮，用榨汁机或消毒纱布把汁挤出。
2. 苹果洗净削皮，蒸熟或直接榨汁，取 2 汤匙对入西红柿汁中。

营养讲解

西红柿所含的胡萝卜素，在人体内可以转化为维生素 A，能促进宝宝骨骼生长，防治佝偻病、眼干燥病、夜盲症及某些皮肤病。

白萝卜梨汁

好食材

白萝卜20克，梨半个。

精心做

1. 白萝卜洗净，切丝；梨去皮，切薄片。
2. 白萝卜倒入锅中，加水烧开，小火炖5分钟，加入梨片煮5分钟，取汁食用。

营养讲解

白萝卜中含丰富的维生素C和锌，有助于增强宝宝的免疫功能，提高抗病能力。

甘蔗荸荠水

好食材

甘蔗1小节，荸荠3个。

精心做

1. 甘蔗去皮，剁成小段。
2. 荸荠洗净，去皮，去蒂，切成小块。
3. 将甘蔗段和荸荠块一起放入锅里，加入适量的水，大火煮开后撇去浮沫，转小火煮至荸荠全熟，过滤出汁液即可。

营养讲解

荸荠的含磷量是根茎类蔬菜中最高的，其能促进宝宝健康生长，对牙齿和骨骼的发育也有很大好处。

绿豆能清热解毒

绿豆的肉多用于解毒，而皮多用于清热。所以在夏天，绿豆是用来降暑的神器，绿豆常被人们用来做成绿豆粥、绿豆汤等，既解渴可口，还能清热解毒。

大米绿豆汤

好食材

大米、绿豆各适量。

精心做

1. 将大米、绿豆淘洗干净，加适量清水煮成粥。
2. 待粥温后取米粥上的清液 30~40 毫升，注意撇掉绿豆的皮，喂宝宝即可。

营养讲解

大米是补充营养素的基础食物，大米可提供丰富的B族维生素，具有补中益气的作用。绿豆则有增进宝宝食欲、抗过敏、解毒、保护肝脏的作用。

大米红豆汤

好食材

大米、红豆各适量。

精心做

1. 将大米、红豆淘洗干净，加适量清水煮成粥。
2. 粥温后取米粥上的清液 30~40 毫升，注意撇掉红豆的皮，喂宝宝即可。

营养讲解

红豆富含维生素 B_1、维生素 B_2、蛋白质及多种矿物质，有补血、利尿等功效，红豆还可以补血，是宝宝补血的食疗佳品。

西红柿米汤

好食材

大米适量，西红柿半个。

精心做

1. 大米洗净，浸泡半小时。西红柿洗净，去皮，切成小块，用榨汁机打成泥。
2. 大米加水煮成粥，再加入西红柿泥，熬煮片刻。待粥温后取米粥上的清液 20~30 毫升喂宝宝即可。

营养讲解

西红柿富含维生素 C，而且酸酸甜甜的很开胃，会激发起宝宝吃辅食的兴趣。

玉米糙可促进大脑发育

玉米糙内的膳食纤维能促进宝宝肠胃蠕动，起到促消化、防便秘等作用。玉米糙中谷氨酸的含量丰富，有助于促进宝宝大脑发育。

玉米糙汤

好食材

小米、细玉米糙各适量。

精心做

1. 将小米淘净。细玉米糙在制作过程中已经去掉外皮，所以不用淘洗。
2. 加适量清水同煮成粥，放温后取 30~40 毫升上面的清液喂宝宝即可。

营养讲解

玉米糙能消食化滞，可以促进宝宝的肠胃蠕动；玉米糙中的B族维生素还有维护人体正常代谢活动的作用。

苹果米汤

好食材

大米适量，苹果1个。

精心做

1. 将大米淘洗干净；苹果洗净，削皮，切成小块，两者一同放入锅中，加适量清水煮成粥。
2. 待粥温后取米粥上的清液30~40毫升即可。

营养讲解

苹果不仅含有丰富的维生素，还富含锌元素。锌可以增强宝宝的免疫力、记忆力和学习能力。

生菜米汤

好食材

大米适量，生菜叶2片。

精心做

1. 大米洗净；生菜叶洗净，切碎。
2. 大米放入锅中，加适量清水煮粥。
3. 加入生菜再煮5分钟。粥温后取米粥上的清液30~40毫升即可。

营养讲解

生菜中含有丰富的营养成分，其膳食纤维和维生素C比白菜多。它的乳状液含有糖、甘露醇、蛋白质、莴苣素等营养物质，能帮助消化，增进食欲。

第五章
6 个月 营养米糊花样多

6 个月的宝宝，由于活动量增加，热量的需求也随之增加。这时候的宝宝能够自己竖起头来，吐舌反射已经消失了，这意味着他可以学着吃流食以外的其他食物了。营养米糊花样多，菜泥味道很清香，辅食的选择一下子变得多起来。

所以应该供给更多的碳水化合物、脂肪和蛋白质类食物。

同时，妈妈乳汁的质和量都已经开始下降，难以完全满足宝宝生长发育的需要。所以添加辅食显得更为重要。

上午	6:00	母乳或配方奶 150~200 毫升
	9:30	青菜泥 15~20 克，母乳或配方奶 120 毫升
	12:00	南瓜羹 30 克
下午	15:00	母乳或配方奶 120~150 毫升
	18:30	米糊 15~20 克
晚上	21:00	母乳或配方奶 150~200 毫升

宝宝发育情况

这个阶段的宝宝，体格进一步发育，神经系统日趋成熟。此时的宝宝差不多已经开始长乳牙了，常是最先长出两颗下中切牙（下门牙），然后长出上中切牙（上门牙），再长出上侧切牙。满 6 个月时，男宝宝体重 5.9~9.8 千克，身高 62.4~73.2 厘米；女宝宝体重 5.5~9.0 千克，身高 60.6~71.2 厘米。

喂养重点

这一阶段宝宝对各种营养的需求继续增长。鉴于大部分宝宝已经开始出牙，在喂食的类别上可以开始以谷物类为主食，蔬菜泥为辅做成的辅食。而且大多数宝宝都已会俯卧翻身，体力消耗也较多，

酸甜苦辣都要尝一尝

味觉感受器是味蕾，主要分布在舌背，特别是舌尖和舌的周围。一般情况下舌尖对甜味最敏感，舌根对苦味最敏感，舌边对酸味最敏感，同时舌尖和舌边感受咸味也很敏感。

一般说来，宝宝都喜欢味道较甜和较香的食物，这是因为在婴儿期食物中常常添加了较多的糖类。有的宝宝在婴儿期极少或根本没有接触过苦味和酸味食物，他们往往会在幼儿期仍然对这类味感极不适应。

米粉不要乱加辅料

有些妈妈总怕宝宝会不爱吃寡淡无味的米粉，在米粉中添加蔬菜汁或者其他

能增加食欲的辅食。其实，如果宝宝最初没有特别排斥米粉，建议不要这样做。因为太复杂的味道会使宝宝的味蕾变得敏感、复杂，不利于更多食物的添加。添加了甜味的米粉会使宝宝对寡淡的米粉不感兴趣。此外，宝宝刚从奶类过渡到米粉，一般而言都会愿意尝试新的口味，妈妈不必过于担心。

给宝宝准备专用餐具

6个月大的宝宝，还留有闭嘴的条件反射。普通的调羹坚硬冰冷，进入嘴巴后，就会条件反射地闭上嘴，或去咬它。所以从第一次添加辅食开始，就可以选用硅胶制或橡胶制等柔软的宝宝专用调羹，形状最好是盛食物部位较浅、宽度较宽的，这样更便于给宝宝喂食，而且宝宝光咬调羹不吃东西的情况也会减少。

吃辅食后宝宝便便的颜色

一般母乳喂养的宝宝大便应该是金黄色糊状，吃配方奶的宝宝大便呈淡黄色或土灰色。

如果宝宝大便颜色发生异常，妈妈首先要看看辅食颜色是否与大便颜色相似，如果宝宝当天吃了蔬菜汁或菜泥，便便呈绿色就属正常。但若不是，那可能是消化问题所引起的，就要提高警惕了。

如果宝宝大便呈暗绿色，可能是配方奶中加入了一定的铁剂，与宝宝消化道中的氧发生反应造成的。如果宝宝大便呈墨绿色，则可能患消化不良。宝宝要少食多餐，不要吃油腻、不易消化的食物，必要时可遵医嘱，吃一些助消化的小药，对宝宝消化不良进行调理。

如果是绿褐色大便，这是日常食物的混合产物，通常在开始吃固体食物时出现，特别是吃了绿色的蔬菜泥时。

营养全面的婴儿米粉

第一是流质的食物宝宝更能接受；第二是婴儿米粉的营养价值高，接近母乳的营养，并且婴儿米粉中特别强化了铁、锌等元素，能满足宝宝身体发育所需。

米糊

好食材

婴儿米粉适量。

精心做

1. 婴儿米粉用冷水调散、搅拌匀，在大火上煮开。
2. 然后用小火边煮边搅，煮 10 分钟左右即可。

营养讲解

婴儿米粉主要原料为大米，不仅含有维生素 A、维生素 D、维生素 E、维生素 C，B 族维生素，还含有钙、磷、铁、碘、锌等，能全方位为宝宝补充多种营养元素。

土豆泥

好食材

土豆半个，鸡汤适量。

精心做

1. 土豆洗净去皮，上锅蒸熟，放凉后装入保鲜袋，用擀面杖压成泥状。
2. 加入鸡汤拌匀，再上锅蒸 10 分钟。

营养讲解

土豆有通便降火、消炎去毒的作用，对因消化不良或是积食引起的消化系统问题可起到食疗作用。

青菜泥

好食材

青菜叶适量，盐少许。

精心做

1. 青菜叶用淡盐水浸泡 10 分钟后洗净。
2. 放入热水锅中煮熟，剁成泥状。

营养讲解

青菜泥营养丰富，有助于宝宝生长、促进造血，并保护皮肤黏膜。

南瓜增强宝宝免疫力

秋天气候干燥，是“流感”高发季节，给宝宝增加含有丰富胡萝卜素、维生素E的食物，可使宝宝增强机体免疫力，对改善秋燥症状大有好处，而南瓜则是首选食材。

南瓜羹

好食材

南瓜50克，高汤适量。

精心做

1. 南瓜去皮，切成小块。
2. 将南瓜放入锅中，倒入高汤，边煮边将南瓜捣碎，煮至稀软即可。

营养讲解

南瓜所含的β-胡萝卜素，可由人体吸收后转化为维生素A。另外β-胡萝卜素能帮助各种脑下垂体激素的分泌正常，使宝宝生长发育维持健康状态。

土豆苹果糊

好食材

土豆20克，苹果1个，鸡汤适量。

精心做

1. 将土豆和苹果分别去皮，切成小块。
2. 土豆蒸熟后捣成泥；苹果用搅拌机打成泥。土豆泥倒入鸡汤锅中煮开。
3. 在苹果泥中加入适量水，用另外的锅煮；煮至稀粥样时关火，将苹果糊倒在土豆泥上即可。

营养讲解

苹果和土豆都含有锌，锌对促进生长发育、修复组织细胞、增强免疫力有着重要作用。

草莓藕粉汤

好食材

草莓5个，藕粉20克。

精心做

1. 将藕粉加水调匀，倒入热水锅中，用小火慢熬，边熬边搅动，熬至透明。
2. 草莓洗净切块，放入搅拌机中，加适量开水，打匀。
3. 草莓汁倒入藕粉中调匀即可。

营养讲解

草莓中丰富的维生素C使脑细胞结构坚固，对宝宝大脑和智力发育有重要影响。

花生让骨骼更强壮

花生营养丰富、全面，是较好的蛋白质来源，而且花生中钙含量很高，而钙是构成人体骨骼的主要成分，多吃花生可以促进宝宝的生长发育。

大米花生汤

好食材

大米适量，花生仁10粒。

精心做

1. 大米淘洗干净。
2. 花生仁一掰两半，与大米同煮成粥。
3. 待粥放温后，取浓米汤喂宝宝，不可喂食花生。

营养讲解

花生含有丰富的蛋白质、不饱和脂肪酸、维生素E、维生素K、钙、镁、锌、硒等营养元素，有促进宝宝生长发育、增强宝宝记忆力的作用。

小米红枣汤

好食材

小米适量，红枣5颗。

精心做

1. 红枣洗净、泡软，掰开，去核。
2. 淘净小米，与红枣同煮成粥即可。

营养讲解

红枣有活血、补气、健脑的功效，和小米一同煮粥，是给宝宝增加营养的理想辅食。

小米薏仁汤

好食材

小米、薏仁各适量。

精心做

1. 薏仁洗净，用温水浸泡3小时；小米淘净。
2. 加适量水，将薏仁和小米同煮成粥。

营养讲解

小米薏仁汤可以提供人体所必需的脂肪酸，促进脂溶性维生素的吸收，使得宝宝的营养吸收更全面。

南瓜保护宝宝视力

南瓜含有丰富的β-胡萝卜素，β-胡萝卜素在人体内会转变为维生素A，而维生素A和蛋白质结合可形成视蛋白，在视力发育中扮演重要的角色，使宝宝的眼睛更明亮。

大米南瓜汤

好食材

大米 25 克，小南瓜 1/4 个。

精心做

1. 南瓜洗净削皮，切成小块；大米洗净，用清水浸泡半小时。
2. 将大米放入锅中，加水适量，大火煮沸后转小火煮 20 分钟。
3. 放入南瓜块，小火煮至熟烂。

营养讲解

中医认为，南瓜性味甘、温，归脾、胃经，有补中益气、清热解毒之功，可以给正在长身体的宝宝补充营养。

小米玉米糙汤

好食材

小米、细玉米糙各适量。

精心做

1. 小米淘净。
2. 加适量清水，将小米同细玉米糙一起煮成粥即可。

营养讲解

小米玉米糙汤不但养胃，还能充分刺激肠道蠕动，对于添加辅食而便秘的宝宝，可以改善这一症状。

菠菜橙汁

好食材

菠菜50克，橙子半个。

精心做

1. 菠菜洗净，入开水焯一下。橙子洗净去皮，切成两半。
2. 将菠菜和橙子一同放入榨汁机里榨汁即可。

营养讲解

菠菜中所含的胡萝卜素，能维护正常视力和上皮细胞的健康，增强预防传染病的能力，促进宝宝的生长发育。

第六章
7 个月 营养蛋黄来啦

7 个月的宝宝已经开始萌出乳牙，有了咀嚼能力，同时舌头也有了搅拌食物的能力，对饮食也越来越多地显示出个人的喜好，喂养上也随之有了一定的要求。而且蛋黄终于可以出现在辅食的菜单里了，这让妈妈和宝宝都很满足。

宝宝发育情况

这个时期的宝宝，身体发育开始趋于平缓。如果下面中间的两个门牙还没有长出，这个月也许就会长出来。如果已经长出来，上面当中的两个门牙也许快长出来了。满 7 个月时，男宝宝体重 6.24~12.2 千克，身高 62.7~77.4 厘米；女宝宝体重 5.90~11.4 千克，身高 61.3~75.6 厘米。

喂养重点

母乳喂养的宝宝该继续喂母乳，吃配方奶的宝宝也要继续吃配方奶，但同样都要每天添加 2 次以上的辅食，这个时期的宝宝容易习惯各种不同口味。

上午	6:00	母乳或配方奶 150~200 毫升
	9:30	蛋黄 1/4 个，母乳或配方奶 120 毫升
	12:00	鸡汤南瓜泥 40~60 克
下午	15:00	母乳或配方奶 120~150 毫升
	18:30	香蕉粥 40~60 克
晚上	21:00	母乳或配方奶 150~200 毫升

勤给辅食餐具消毒

辅食餐具是宝宝的亲密小伙伴，经常装着美味的食物，但容易滋生细菌，加上宝宝的肠胃娇弱，爸爸妈妈自然要特别重视餐具的清洁和消毒。

餐具的清洗要及时，消毒频率一般一天一次就可以了。适合宝宝餐具的消毒方法主要有两种：一是煮沸消毒法，这种消毒法妈妈们用得最为普遍，就是把宝宝的辅食餐具洗干净之后放到沸水中煮2~5分钟，但如果有些餐具不是陶瓷或玻璃制品，煮的时间不宜过长；二是蒸气消毒法，把餐具洗干净之后放到蒸锅中，蒸5~10分钟。

宝宝的吃饭时间调整到和大人一样

这个时期，宝宝一天要吃两三次辅食，所以可将宝宝的吃饭时间逐渐调整到和大人一致。很多不喜欢一个人吃饭的宝宝，如果和大人在一起吃，就会吃得很开心。

另外要注意，给宝宝单独煮饭和烧菜，饭要做得软一点，1岁之前菜不要放盐等调料，1岁之后盐也要少量使用。

辅食添加量要把握好

一般妈妈们给宝宝准备辅食的时候，都会足量，怕宝宝饿到，其实有时候宝宝接受量未必有妈妈想象的那么大，遭到“无情的”拒绝之后，妈妈以为是辅食种类的问题，又换了一种。其实，妈妈一开始可以给宝宝少量的辅食，先让宝宝体验一下，看看他的反应，然后再一天一天逐渐增量。

食物品种不要太单一

很多家庭会有这样的经历，家长不喜欢吃的东西往往做得很少甚至不做，以至于宝宝也没有机会尝试到这类食物。其实，如果宝宝拒绝某种辅食，妈妈可以换换其他品种，说不定妈妈不爱吃的反而很受宝宝欢迎。爸爸妈妈不妨有空多逛逛菜市场，多和其他家长交流一下，变换多种花样，为找到最适合的那一款食物坚持不懈。

制作口感比较柔和的食物时，例如果汁、菜汁、果蔬泥等，苹果和香蕉的味道比较好接受，可以先尝试这两种，相比之下，蔬菜口味比较重，但也不妨试试大白菜和圆白菜。

蛋黄营养全面而丰富

蛋黄泥常常是中国妈妈制作宝宝辅食的首选食材，也因此有“第一辅食”的美称，它营养全面而丰富，可以给宝宝补铁、蛋白质、不饱和脂肪酸等。

蛋黄泥

好食材

鸡蛋 1 个。

精心做

1. 鸡蛋洗净，放入锅中，加适量水，中火煮 8 分钟。
2. 取 1/4 蛋黄，用勺子压成泥，加 20 毫升温开水搅拌均匀，或用研磨碗研成泥状，放温即可。

营养讲解

蛋黄含有较高的胆固醇，还含有大量的胆碱、卵磷脂，都是宝宝大脑发育必不可少的营养素。

西蓝花奶羹

好食材

西蓝花 50 克，配方奶 50 毫升。

精心做

1. 西蓝花洗净，掰成小朵，用水煮软。
2. 将煮过的西蓝花，加入适量温开水，用搅拌机粉碎。
3. 把粉碎后的西蓝花汁倒入锅中，加上调好的配方奶一起煮至黏稠即可。

营养讲解

西蓝花富含蛋白质、矿物质，含钙量尤其丰富，将西蓝花与配方奶搭配在一起，能给宝宝更全面的营养。

鸡汤南瓜泥

好食材

南瓜 40 克，鸡汤适量。

精心做

1. 南瓜去皮切成薄片，排放至盘中。
2. 南瓜片放入锅内，隔水蒸 10 分钟。
3. 取出蒸好的南瓜，倒入碗内，并加入热鸡汤，用勺子压制成泥即可。

营养讲解

南瓜含有大量的锌，锌参与人体核酸、蛋白质的合成，是肾上腺皮质的固有成分，为宝宝生长发育的重要物质。

烹制胡萝卜加点油营养更好

胡萝卜素属于脂溶性维生素，与油一起烹制营养更好。胡萝卜里还含有丰富的维生素C，这是宝宝的分泌系统调节和新陈代谢活动不可或缺的物质。

胡萝卜小米汤

好食材

胡萝卜、小米各50克，香油少许。

精心做

1. 胡萝卜洗净，切成1厘米见方的丁，备用。
2. 小米洗净，备用。
3. 将胡萝卜丁和小米一同放入锅内，加清水大火煮沸。
4. 转小火煮至胡萝卜绵软、小米开花滴几滴香油拌匀即可。

营养讲解

胡萝卜富含胡萝卜素，胡萝卜素进入人体后在肠道和肝脏内可转变为维生素A，是宝宝饮食中维生素A的重要来源之一。

大米蛋黄汤

好食材

大米25克，鸡蛋1个。

精心做

1. 大米洗净，用清水浸泡半小时。
2. 将大米放入锅中，加水适量，大火煮沸后转小火煮20分钟。
3. 待煮熟快起锅前，将鸡蛋打碎，取出蛋黄，取1/4打散，倒入粥中搅匀。

营养讲解

蛋黄中的卵磷脂可提高人体血浆蛋白的含量，促进机体的新陈代谢，增强免疫力。

香蕉粥

好食材

大米25克，香蕉1/3根。

精心做

1. 大米洗净，用水浸泡30分钟，放入锅中煮至米烂汤稠。
2. 出锅前，放入切好的香蕉片即可。
3. 喂食时将香蕉片碾碎。

营养讲解

香蕉价值颇高，其中的胡萝卜素能促进宝宝生长，增强对疾病的抵抗力，是维持宝宝正常视力所必需的物质。

葡萄可以补铁补血

从中医的角度而言，葡萄有舒筋活血、开胃健脾、助消化等功效，其含铁量丰富，有助于宝宝补血。葡萄中大部分是容易被人体直接吸收的葡萄糖，消化能力较弱的宝宝可以多吃些葡萄。

葡萄干土豆泥

好食材

土豆50克，葡萄干10粒。

精心做

1. 葡萄干用温水泡软，切碎。
2. 土豆洗净，蒸熟去皮，做成土豆泥。
3. 小锅加少许水，煮沸，放入土豆泥和葡萄干，转小火煮5分钟。
4. 离火后放温，即可给宝宝喂食。

营养讲解

葡萄富含葡萄糖、维生素和多种矿物质元素，其中葡萄糖能很快被宝宝身体吸收，能满足宝宝成长的需要。

香蕉乳酪糊

好食材

香蕉半根，天然乳酪25克，鸡蛋1个，胡萝卜适量。

精心做

1. 鸡蛋煮熟，取出1/4只蛋黄，压成泥。
2. 香蕉压成泥；胡萝卜去皮，煮熟，磨成胡萝卜泥。
3. 把所有原料混合，再加入清水，调成浓度适当的糊，放入锅中煮沸即可。

营养讲解

香蕉含蛋白质、脂类、碳水化合物、果胶等，营养丰富，可提高宝宝食欲。

蛋黄玉米羹

好食材

鲜玉米粒50克，鸡蛋1个。

精心做

1. 将鲜玉米粒打成蓉；鸡蛋磕开，取1/4蛋黄打散。
2. 玉米蓉放入锅中，加水，大火煮沸后，转小火煮20分钟。蛋黄液倒入锅中，转大火并不停地搅拌，直至煮沸。

营养讲解

玉米所含的谷氨酸较高，谷氨酸能促进脑细胞代谢，对宝宝有健脑的作用。

红薯是主食有益的补充

红薯中的蛋白质质量高，可弥补大米、白面中的营养缺失，经常食用可提高人体对主食中营养的利用率。胖宝宝适当食用红薯还有控制体重的功效呢。

红薯红枣羹

好食材

红薯50克，红枣5颗。

精心做

1. 将红薯洗净去皮，切成菱形块；红枣洗净去核，切成碎末。
2. 将红薯和红枣末放入碗内，上锅隔水蒸熟。
3. 将蒸熟后的红薯、红枣加适量温开水捣成泥，调匀即可。

营养讲解

红薯红枣羹不仅味道很甜美，而且还含有很丰富的微量元素，更重要的是可以帮助宝宝补血益气，增加身体的抵抗力。

胡萝卜泥

好食材

胡萝卜半根。

精心做

1. 将胡萝卜洗净，不用去皮，切成小块。
2. 将胡萝卜放在蒸屉上，大火蒸熟。
3. 用汤勺将胡萝卜块碾成泥糊状，盛入碗中即可。

营养讲解

胡萝卜泥含有丰富的胡萝卜素及其他多种维生素，不仅能为宝宝提供营养，而且鲜艳的颜色和香甜的味道都有助于提高宝宝的食欲。

山药大米羹

好食材

山药30克，大米20克。

精心做

1. 大米洗净；山药去皮，切成小块。
2. 大米和山药块放入搅拌机中打成汁。
3. 锅置火上，倒入山药大米汁搅拌，用小火煮至羹状，盛出，放温后喂宝宝。

营养讲解

山药含有丰富的蛋白质和膳食纤维，能够有效促进宝宝肠道的蠕动，帮助食物的消化和吸收。

第七章
8 个月 鱼肉、肝泥好味道

8 个月的宝宝营养需求丰富，而且宝宝在饮食方面的喜好已经初现端倪，妈妈们要注意添加宝宝爱吃的辅食，保证种类丰富、营养平衡。宝宝处于长牙期，要注意添加富含钙和维生素 D 的食物。鲜香的鱼肉、肝泥可是本月主打的辅食哟。

宝宝发育情况

8个月的宝宝，体重增长的速度变缓慢了，但身高却迅速增长，渐渐已显示出“幼儿”的模样了。活动能力进一步增强。婴儿开始从以乳类为主食向正常饮食过渡，需要增加辅食种类。满8个月时，男宝宝体重6.46~12.6千克，身高63.9~78.9厘米；女宝宝体重6.13~11.8千克，身高62.5~77.3厘米。

喂养重点

8个月的宝宝在饮食方面的喜好已经初现端倪，妈妈们要注意添加宝宝喜爱的辅食，保证种类丰富、营养平衡。宝宝每天的饮食应包括四大类，即蛋豆鱼肉类、五谷根茎类、蔬菜类及水果类。每日喂食四大类食物以达到营养平衡的目的。尽量使宝宝从一日三餐的辅食中摄取所需营养的2/3，其余1/3从奶中补充。

上午	6:00	母乳或配方奶150~200毫升，
	9:30	平鱼泥15~20克，母乳或配方奶120毫升
	12:00	肝泥粥40~60克
下午	15:00	葡萄干土豆泥20克，母乳或配方奶120~150毫升
	18:30	香蕉奶糊30克，水果泥20克
晚上	21:00	母乳或配方奶150~200毫升

添加新辅食观察3天以上

添加辅食要从一种到多种，每添加一种新的辅食后，应该观察3~7天，看有没有出现过敏反应或消化不良。常见的过敏反应主要表现为腹泻、呕吐和皮疹。如果宝宝在3~7天内没有发生异常反应，即可继续添加下一种。

观察宝宝的全身反应特别是大便性状有无明显改变，是确定宝宝是否已经适应某种食物的比较简单的判断方法。判断宝宝是否对某些食物过敏，除了考虑遗传因素和一些辅助检查外，也常常要通过对食物的反复尝试才能确定。

当宝宝逐一接受了各种食物的味道后，可以每餐变换花样选择两三种食物混合搭配喂给宝宝。在婴幼儿阶段，应尽可能让宝宝接触到多种多样的食物，这有利于宝宝摄入均衡的营养，养成不偏食、不挑食的好习惯。

微波炉加热制作辅食各有利弊

目前对用微波炉加热、制作辅食还存在一定争议。一般认为，市售的瓶装婴儿辅食可以按照产品说明用微波炉加热，如需打开瓶盖或者倒出隔水加热等。

微波炉同普通加热方式一样，对于某些维生素如维生素 C、B 族维生素等都会有一定的破坏，因此通常建议蔬菜类辅食以短时间开水焯熟为宜，其他辅食以蒸、煮、炖等常规加热方式为佳，但通常没有严格禁止不能用微波炉加热辅食。对于一些忙碌的职场妈妈，使用微波炉方便快捷地为宝宝制作一些辅食，还是不错的选择。

蔬菜和水果不能相互替代

因为蔬菜中的维生素、矿物质、膳食纤维等含量相对较高，而水果中的碳水化合物、有机酸等成分相对较多，口感也更香甜，建议最好能做到每餐吃蔬菜，每天吃水果。

出牙时期的特殊哺喂

宝宝出牙时会流口水、烦躁不安，喜欢乱咬东西，甚至会有低热。这时不论是否已出牙，均应开始让宝宝吃饼干或吃半固体食物，使牙齿得到刺激和锻炼。

喂法上仍然坚持母乳或配方奶为主，但哺喂顺序与以前相反，先喂辅食，再哺乳，而且推荐采用主辅混合的新方式，为以后断母乳做准备。

鱼肉细嫩鲜美营养丰富

鱼肉富含蛋白质、钙、磷、铁、维生素B_1、卵磷脂，可增强记忆、思维和分析能力，延缓脑力衰退。

好食材

鱼肉30克，熟蛋黄1/2个。

精心做

1. 将熟蛋黄用勺子压成泥，备用。
2. 将鱼肉放在盘中，然后上锅蒸15分钟，剔除皮、刺，用小勺压成泥状。
3. 将鱼肉泥和适量温开水搅拌均匀，撒上熟蛋黄泥，再次搅拌均匀即可。

营养讲解

鱼泥中富含不饱和脂肪酸，可使脑神经细胞间的讯息传达顺畅，提高宝宝的脑细胞活力，增强记忆、反应与学习能力。

鱼菜米糊

好食材

米粉20克，鱼肉25克，青菜30克。

精心做

1. 将青菜、鱼肉分别剁成碎末，放入锅中蒸熟。
2. 将米粉放入碗中，加入温开水，搅拌成米糊。将蒸好的青菜和鱼肉加入调好的米糊，搅拌均匀即可。

营养讲解

鱼菜米糊中含有丰富的蛋白质和维生素，不但可以促进宝宝的脑部发育，还可以提高宝宝的免疫力，让宝宝聪明又健康。

香蕉奶糊

好食材

香蕉半根，配方奶50毫升。

精心做

1. 香蕉洗净去皮，切成薄片，放入锅中，加适量清水。
2. 倒入配方奶，煮沸后再煮5分钟即可。

营养讲解

香蕉的热量较其他水果高，糖分含量也高。香蕉易于消化吸收，对于胃肠发育较弱或腹泻的宝宝更适宜。

豆腐就是“植物肉”

豆腐营养丰富，含有铁、钙、磷、镁等人体必需的多种矿物质，还含有糖类、脂肪和丰富的优质蛋白质。

蛋黄豆腐羹

好食材

豆腐 50 克，熟蛋黄 3/4 个。

精心做

1. 将豆腐洗净，捣烂成泥。
2. 锅中放入适量水，倒入豆腐泥，熬煮至汤汁变少。
3. 将熟蛋黄压碎，放入锅里稍煮片刻即可。

营养讲解

豆腐中丰富的卵磷脂有益于宝宝神经、血管、大脑的发育，可以提高宝宝的记忆力。

栗子粥

好食材

栗子 5 个，大米 30 克。

精心做

1. 将栗子去壳、洗净，煮熟之后切碎。
2. 大米淘洗干净，用水浸泡 30 分钟。
3. 将大米倒入锅中，加水煮成粥，再放入切碎的栗子同煮 5 分钟即可。

营养讲解

栗子含有蛋白质、B 族维生素等营养成分。栗子所含的维生素 C 比西红柿要多，能够维持宝宝牙齿、骨骼、血管和肌肉的正常功能。

平鱼泥

好食材

平鱼肉 30 克。

精心做

1. 将平鱼肉洗净，放入锅中，加水炖 15 分钟。
2. 鱼肉熟透后剔净皮和刺，用小勺压成泥状即可。

营养讲解

鱼泥富含蛋白质、不饱和脂肪酸及维生素，能促进宝宝发育，强健身体。

鸡肝能保护宝宝视力

鸡肝中维生素A的含量远远超过奶、蛋、肉、鱼等，具有维持正常生长和生殖机能的作用。能保护眼睛，维持正常视力，防止眼睛干涩、疲劳。

西红柿鸡肝泥

好食材

鸡肝30克，米粉20克，西红柿1/2个。

精心做

1. 鸡肝用水浸泡30分钟后，放入冷水锅中，煮熟，切成末。
2. 西红柿洗净，放在开水中烫一下，捞出后去皮，放入碗中，捣烂。
3. 倒入鸡肝末、米粉，搅拌成泥糊状，蒸5分钟即可。

营养讲解

鸡肝富含维生素A和铁，是宝宝补铁的佳选。无论是鸡肝还是猪肝，每周吃一次就足够了，不宜过量摄入。

疙瘩汤

好食材

面粉 50 克，生蛋黄 1 个，鱼汤 1 碗。

精心做

1. 面粉中加入适量水，用筷子搅成细小的面疙瘩。
2. 将鱼汤倒入锅中，烧开后放入面疙瘩煮熟，淋入生蛋黄，搅拌均匀即可。

营养讲解

使用鱼汤做成的疙瘩汤口感细腻、易于消化吸收，宝宝在添加辅食的初期经常食用，能促进大脑发育，让宝宝更聪明。

西红柿烂面条

好食材

挂面 30 克，西红柿 25 克。

精心做

1. 西红柿洗净，去皮，切碎，捣成泥。
2. 将挂面掰碎，放入锅内煮，挂面煮开后，转小火，将西红柿泥放入一同煮，煮至面条熟烂后即可。

营养讲解

西红柿中的胡萝卜素可促进宝宝的骨骼钙化，防止宝宝患佝偻病、夜盲症和眼干燥症。

冬瓜是瘦身食材

冬瓜中所含的丙醇二酸，能有效地抑制糖类转化为脂肪，加之冬瓜本身不含脂肪，热量不高，对于胖宝宝来说是无负担的食物之选。

冬瓜蛋黄羹

好食材

冬瓜 50 克，鸡蛋 1 个。

精心做

1. 冬瓜去皮，去瓤，切丁；鸡蛋煮熟后，取蛋黄备用。
2. 砂锅中加水煮沸，放入冬瓜丁煮熟。
3. 蛋黄切碎，放入锅中稍煮，搅拌均匀即可。

营养讲解

蛋黄含有大量的卵磷脂、胆固醇，易于吸收，能强壮身体、促进宝宝身体发育。冬瓜丁煮熟后会变得很软，锻炼宝宝吃软固体食物时，可以先从这样的食物开始练习。

芹菜米粉汤

好食材

芹菜30克，米粉20克。

精心做

1. 芹菜洗净切碎；米粉泡软，备用。
2. 锅中加水煮沸，放入芹菜碎和米粉，煮3分钟即可。

营养讲解

米粉含有丰富的碳水化合物、维生素、矿物质等，易于消化，适合给宝宝当主食。

猪肝泥

好食材

猪肝1个。

精心做

1. 将猪肝洗净去筋，放入水中泡半小时后，切成片。
2. 在热水锅中熟烂。用勺子碾成泥，加点温开水拌匀即可。

营养讲解

猪肝含铁丰富，铁是产生红血球必需的元素，适量食用可预防贫血，令宝宝皮肤红润、健康成长。

菜花可增强机体免疫功能

菜花的维生素C含量很高，有利于宝宝的生长发育，更重要的是能提高宝宝的免疫功能，促进肝脏解毒，增强体质。

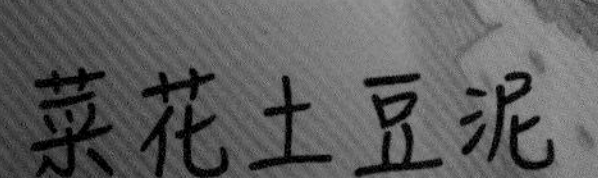

菜花土豆泥

好食材

菜花50克，土豆1/2个，米汤适量，盐少许。

精心做

1. 土豆去皮，切成小块，上锅蒸熟，压成泥。
2. 菜花用淡盐水浸泡10分钟，掰成小朵，焯熟后加适量温开水搅打成泥。
3. 将土豆泥、菜花泥搅拌均匀，上锅蒸10分钟即可。

营养讲解

土豆中含有丰富的蛋白质、膳食纤维，搭配上菜花，是宝宝补养身体的佳品，可使宝宝身体棒、胃口好。

苹果薯团

好食材

红薯50克，苹果20克。

精心做

1. 将红薯去皮，切碎煮软，压成泥状。
2. 苹果去皮去核，切碎煮软，压成泥状。
3. 将红薯泥和苹果泥混匀做成圆形，给宝宝喂食。

营养讲解

红薯中含有较多的膳食纤维，对容易便秘的宝宝有帮助。

豆腐羹

好食材

嫩豆腐1/4块，肉汤适量。

精心做

1. 将豆腐和肉汤倒入锅中同煮。
2. 在煮的过程中将豆腐捣碎，煮至豆腐熟透即可。

营养讲解

豆腐富含钙，对宝宝牙齿、骨骼的生长发育颇为有益。

第八章
9 个月 可口的小面条

9 个月的宝宝已经开始对离乳替代食物有些熟悉。离乳中期是培养咀嚼力量的时期，因此，应当在宝宝咀嚼并吞咽完口中的食物之后，再喂下一口。可口的小面条是非常容易引起宝宝食欲的，有肉有菜有主食，可谓是完美的组合。

宝宝发育情况

9个月的宝宝不用扶也能站很久，并会由坐改为爬，但还不能自由地迈步子。随着宝宝运动能力的增强，他的体力消耗也增大了，对于热量的需要也相应有所增加。满9个月时，男宝宝体重7.2~11.3千克，身高67~77.6厘米；女宝宝体重达6.6~10.5千克，身高65~75.9厘米。

此时宝宝长出牙齿2~4颗。

喂养重点

母乳当然仍是此时宝宝重要的食物，每天需喂母乳3次。如母乳不足或完全没有母乳，可用配方奶粉，每次150~200毫升，其余三四次喂辅食。辅食也由稀饭过渡到稠粥，由肉泥过渡到碎肉，由菜泥过渡到碎菜。宝宝或许很爱吃米饭、菜汁和软水果，如果宝宝长了第一颗磨牙，他就能吃一点儿水果和蔬菜了。

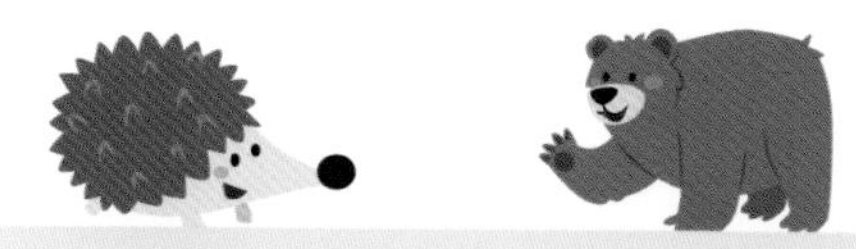

上午	6:00	母乳或配方奶150~200毫升
	9:30	苹果草莓羹50克
	10:30	母乳或配方奶150~200毫升
	12:00	鸡毛菜龙须面100克
下午	15:00	山药羹50克
	18:00	百宝豆腐羹50克，茄子泥50克
晚上	21:00	母乳或配方奶150~200毫升

辅食过敏不要慌

随着辅食品种的增多，加上宝宝的胃肠道比较脆弱，因此很容易发生过敏现象。在给宝宝添加辅食的过程中，每次添加新品种，应该先少量地尝试。给宝宝添加新品种后，应该密切观察宝宝食用后的反应，如果宝宝有腹泻、呕吐、出皮疹等症状时，应该立刻停止添加。间隔几天后再次尝试，如果仍出现类似的情况，就要到医院进行过敏检测，了解宝宝对该食物过敏的程度。

经过检测，如果宝宝属于轻度过敏，可以从最小剂量开始慢慢添加，让宝宝慢慢适应；如果宝宝是中度以上过敏，日后应避免添加该食物，同时用营养素相同的食物替代，比如海鱼不能吃，可用肝类食物替代。食物过敏的宝宝随着年龄的增长，胃肠道功能会逐渐增强，产生免疫耐受性，过敏的食物会逐渐减少，极少数不能改善的可到医院治疗。

添加适量膳食纤维

经常给宝宝吃富含膳食纤维的食物，可以促进咀嚼肌的发育，并有利于宝宝牙齿和下颌的发育，能促进胃肠蠕动，增强胃肠消化功能，防止便秘。给宝宝做含膳食纤维多的食物时，要做得细、软、烂，以便于宝宝咀嚼、吸收。

饮食安全放首位

宝宝开始品尝越来越多的美食了，饮食安全始终是头等大事。鱼类做汤时，要注意避免鱼刺鱼骨混在浓汤里；排骨煮久了，会掉下小骨渣，要去除干净；黏性稍大的食物要防止宝宝整吞；豆类、花生等又圆又滑的食物要碾碎了给宝宝吃；不要在吃饭的时候逗宝宝笑；不要让宝宝拿着筷子、刀叉等餐具到处跑；使用吸管时，不要在饮品里面放小粒的东西；热烫的食物不要放在宝宝面前，特别是汤类。耐心告诉宝宝，有哪些危险存在，应该怎么做，慢慢地他就会懂得这些危险。

餐桌礼仪养成时

宝宝对食物的接受能力增强了，几乎各种食物都可以吃，咀嚼能力进一步加强。这个月也正是宝宝爱模仿父母动作的阶段，父母可以抓住时机，不要错过餐桌礼仪培养的机会，并同宝宝一同进餐。

进餐时，可以让宝宝先尝一尝，如尝酸味的时候，告诉他“这是酸的”。通过视、听、嗅、味的感觉信息，增强宝宝对食物的认识和兴趣。

不能因为宝宝想吃，于是大家就你一勺、我一筷地喂宝宝吃各种食物，还是尽量让妈妈去喂。妈妈可以手把手地训练宝宝自己吃饭，既满足了宝宝想自己动手的愿望，还能进一步培养宝宝自用餐具的能力。

茄子浑身是宝

常吃茄子可降低血液中的胆固醇水平，对延缓人体衰老具有积极的意义。茄子蒂、茄子皮都有特别好的营养功效，但宝宝还小，可以从茄子肉开始，一点点慢慢给他添加。

茄子泥

好食材

长茄子半根，芝麻酱、香菜各适量。

精心做

1. 将茄子洗净后切成细条，隔水蒸 10 分钟左右。
2. 把蒸烂的茄子去皮，捣成泥，加入调制好的芝麻酱，拌匀，放温后喂宝宝吃。可撒少许香菜末点缀。

营养讲解

茄子中维生素 P 的含量很高，每 100 克中含 750 毫克，能增强宝宝细胞间的黏着力，增强毛细血管的弹性。

山药羹

好食材

山药 50 克，香油、葱花各适量。

精心做

1. 山药去皮洗净，用工具磨成泥状，加些清水防止氧化。
2. 锅内水烧开，放入山药泥，边放边搅，用小火煮沸，加香油、葱花调味，起锅。

营养讲解

山药含有淀粉酶、多酚氧化酶等物质，可改善脾胃消化吸收功能，是一味平补脾胃的药食两用之品。

蛋香玉米羹

好食材

玉米粒 50 克，鸡蛋黄 1 个。

精心做

1. 玉米粒煮烂后，用汤勺将玉米粒边搅边碾碎。
2. 在煮好的玉米羹中加入打匀的鸡蛋黄，再加热 2 分钟即可。

营养讲解

玉米富含维生素，宝宝适当食用玉米有助于改善肠胃功能，促进大脑发育。

面条是百搭明星

宝宝的肠胃功能还没有发育完善，给宝宝的食物应该以容易消化吸收为主。面条容易消化，而且可以搭配多种食材，蔬菜、肉类、海鲜等，制作方法也繁多。

鸡毛菜龙须面

好食材

龙须面10克，鸡毛菜适量。

精心做

1. 鸡毛菜洗净后，放入热水锅中烫熟，捞出晾凉后，切碎并捣成泥。
2. 龙须面切成短小的段，倒入沸水中煮熟软，捣烂。
3. 起锅后加入适量蔬菜泥即可。

营养讲解

鸡毛菜中含有大量胡萝卜素，可促进皮肤细胞代谢，用来做面条的配菜，又增加了膳食纤维的摄入。

核桃燕麦豆浆

好食材

黄豆20克，核桃仁2个，燕麦10克。

精心做

1. 黄豆洗净，用水浸泡8小时；核桃仁碾碎。
2. 将黄豆、燕麦和核桃仁倒入豆浆机中制成豆浆，过滤出豆渣，豆浆放至温热，喂给宝宝喝。

营养讲解

这款豆浆里富含蛋白质、卵磷脂等，可以增强宝宝的记忆力，核桃中的锌元素能提高宝宝思维的灵敏性。

青菜米糊

好食材

米粉10克，青菜20克，盐少许。

精心做

1. 米粉加入清水搅成糊，大火煮5分钟。
2. 青菜用淡盐水洗净，剁碎。
3. 将青菜泥放入锅中煮沸即可。

营养讲解

自制米糊既卫生又可以根据宝宝的饮食习惯在米糊中添加不同的蔬菜或肉类，帮助宝宝充分摄取各种营养物质，促进生长发育。

豌豆增强免疫力

豌豆富含赖氨酸，这是人体必需氨基酸之一，能促进宝宝发育、增强免疫功能，并有提高中枢神经系统功能的作用。

蛋黄豌豆糊

好食材

豌豆、大米各 20 克，鸡蛋 1 个。

精心做

1. 大米淘净，用水浸泡 1 小时。
2. 豌豆洗净煮烂，压成豆泥。
3. 鸡蛋煮熟，取出蛋黄，压成泥。
4. 将大米和豆泥加水一起煮 1 小时，呈半糊状后拌入蛋黄泥即可。

营养讲解

豆类营养丰富，有助于提高机体免疫力，蛋黄、大米一起食用，蛋白质、碳水化合物等营养摄入更均衡。

鱼菜米糊

好食材

米粉、鱼肉和青菜各 15 克。

精心做

1. 米粉酌加清水浸软，搅成糊，入锅，大火煮 3 分钟。
2. 将青菜、鱼肉洗净后分别剁成泥，放入锅中，续煮至鱼肉熟透即可。

营养讲解

鱼肉中富含钙，能够促进宝宝长个，为骨骼发育添砖加瓦。鱼肉还富含蛋白质，可促进宝宝大脑发育。

玉米豆腐胡萝卜糊

好食材

鲜玉米粒 50 克，嫩豆腐 1 小块，胡萝卜半根。

精心做

1. 胡萝卜洗净，切成小块，鲜玉米粒洗净，一同用搅拌机打成蓉；豆腐压成泥。
2. 将玉米胡萝卜蓉放入锅中，加清水，大火煮沸后，转小火煮 20 分钟。
3. 将豆腐泥加入锅中，继续煮 10 分钟。

营养讲解

此糊里含有蛋白质、钙、磷、铁、核黄素、烟酸、维生素 C 等多种营养成分，不但可促进宝宝生长发育，还可提高宝宝的抵抗力。

鳕鱼少刺多营养

鳕鱼具有高营养、低胆固醇、易于被人体吸收的优点，还含有宝宝发育所必需的各种氨基酸，其营养比值和宝宝的需求量非常相近，而且它的刺非常少，是做宝宝辅食的上选食材。

鳕鱼毛豆

好食材

鳕鱼1块，毛豆20克。

精心做

1. 鳕鱼洗净、蒸熟，盛入碗中，碾成泥糊状。
2. 毛豆煮熟后剥皮，也碾成泥糊状。
3. 锅内放入清水煮沸，放入毛豆泥、鳕鱼泥略煮即可，盛入碗中，放温喂宝宝。

营养讲解

毛豆中含有丰富的优质植物蛋白质、核苷酸，易于宝宝消化吸收。毛豆中的锌含量也很高，这是宝宝大脑发育不可缺少的营养物质。

胡萝卜粥

好食材

胡萝卜半根，大米适量。

精心做

1. 胡萝卜洗净后切成小碎块；大米洗净，浸泡1小时。
2. 大米加水，小火熬煮成粥，加入胡萝卜块，继续熬至软烂即可。

营养讲解

胡萝卜含有丰富的胡萝卜素，进入人体后会很快转化为维生素A，可起到明目、增强抵抗力的作用。

蒸全蛋

好食材

鸡蛋1个。

精心做

1. 鸡蛋打散，加少量温水和植物油调匀。
2. 把蛋液用小火，隔水蒸10分钟。

营养讲解

鸡蛋含有自然界中最优良的蛋白质，每百克鸡蛋含蛋白质14.7克，对增进宝宝神经系统的功能大有裨益。

虾补益五脏

虾的营养价值很高，能增强人体的免疫力，虾中含有三种重要的脂肪酸，能使人长时间保持精力集中。而且虾的肉质肥嫩鲜美，食之既无腥味，又没有骨刺，非常适合宝宝食用。

鲜虾粥

好食材

虾3只，大米50克。

精心做

1. 鲜虾洗净，去头、壳及虾线，剁成小丁。
2. 大米淘洗干净，加水煮成粥，加鲜虾丁搅拌均匀，煮3分钟，盛出，放温喂宝宝即可。

营养讲解

鲜虾粥很适合在冬天给宝宝喝，有和胃气、补脾虚、和五脏的作用，还可以补充水分，帮助消化。

百宝豆腐羹

好食材

豆腐1/4块，香菇1朵，虾仁5个，菠菜1根，鸡肉、笋、鸡汤各适量。

精心做

1. 鸡肉、虾仁剁成泥；香菇、笋切丁；菠菜焯后切末；豆腐压成泥。
2. 鸡汤入锅，煮开后放入鸡肉、虾仁、香菇、笋丁；再煮开后，放入豆腐和菠菜，小火煮至汤将收干即可。

营养讲解

豆腐营养丰富，含有铁、钙、磷、镁等人体必需的多种矿物质，豆腐的消化吸收率达95%以上，适合宝宝娇嫩的肠胃。

苹果草莓羹

好食材

苹果半个，草莓5个。

精心做

1. 将苹果洗净，去皮去核后，切成小丁。
2. 草莓去蒂洗净，切成小丁。
3. 将苹果、草莓放入锅内，加水大火煮沸，转小火煮10分钟，搅拌均匀即可。

营养讲解

草莓味甘、性凉，有润肺生津、健脾和胃等功效，适合宝宝食用。

第九章
10 个月 肉泥可以添加啦

10 个月宝宝的喂养已经可以开始将辅食变为主食了，营养密度应该进一步增加，因为母乳已经无法满足宝宝所需的全部营养。从宝宝 10 个月开始，妈妈还要注意培养宝宝自己动手吃饭的能力，从小培养宝宝良好的饮食习惯。此阶段，帮助宝宝长个、长肌肉的肉泥可以添加啦！

宝宝发育情况

10个月的宝宝，乳牙已经萌出4~6颗，有一定的咀嚼能力，消化机能也有所增强。宝宝可以和大人一起进行一日三餐了，但吃的东西要弄得碎一点，味道清淡一点。在两餐之间可以给他吃些点心，但要注意不要吃糖和巧克力，一来容易蛀牙，二来容易堵住婴儿的喉咙引起窒息。满10个月时，男宝宝体重6.86~13.34千克，身高66.4~82.1厘米；女宝宝体重6.53~12.52千克，身高64.9~80.5厘米。

喂养重点

宝宝的咀嚼能力更强了，妈妈可以渐渐改变食物的形态，由稀到稠、逐渐增加辅食的量，由辅变主慢慢过渡。现在，宝宝对淀粉的消化吸收已经完全适应，但对

上午	6:00	母乳或配方奶250毫升
	8:00	饼干2块，黑米粥50克
	10:30	鸡蛋布丁40~50克
	12:00	肉末海带羹50克，紫菜豆腐粥50克
下午	15:00	水果100克
	18:00	西红柿鸡蛋面100克
晚上	21:00	母乳或配方奶250毫升

鱼、肉类中的蛋白质还不能完全消化。因此，尽管辅助食物的量和品种都在增加，但配方奶或母乳还是宝宝摄取蛋白质和营养素的主要来源。

咀嚼期让宝宝爱上吃饭

喝母乳、牛奶或汤汁，远远比吃固体食物轻松得多。可是到了这个月龄段，宝宝要开始尝试固体食物，它是宝宝口腔发育的标志。快乐咀嚼期又称为宝宝辅食添加的终结期，是奠定咀嚼基础的时期。

宝宝1岁后，大部分食物都可以吃了，和大人一起吃饭的次数会越来越多，应继续保持宝宝的饮食尽量清淡。喜欢自己拿着调羹吃，也是这个时期的宝宝的特点。不过，这时候的宝宝还不能灵活地使用调羹，还是自己用手抓着吃的时间为多。食物硬度以用手指可以碾碎的肉丸为标准。

可能有的宝宝还不太习惯吃固体食物，妈妈要想些办法，让宝宝爱上吃饭。可以等到宝宝肚子饿的时候再让他吃，就

不会那么挑剔了。当然，如果宝宝太饿或者情绪不佳时，可能也不会吃，这时候就要妈妈把握好分寸，选择宝宝心情好的时候再吃。

巧做猪肝变美味

含有丰富的铁和维生素的猪肝，是预防贫血的好食材。生猪肝可用牛奶焯烫，去除腥味后再水煮。如果宝宝不喜欢猪肝独特的味道，可将水煮后的猪肝冷冻后再磨碎，然后与蔬菜等搅拌在一起，就辨认不出猪肝的味道了。

如果觉得生猪肝处理起来麻烦，也可采用婴儿食品里的猪肝泥，煮粥或者是做面条时当成配菜。

蔬菜每天还要吃

添加过肉类后，可能有些宝宝就不那么爱吃蔬菜了，这个时期的宝宝当然只挑自己喜欢的东西吃。

吃饭时，让宝宝先吃蔬菜。希望宝宝吃的食物，妈妈可以先给他吃，宝宝喜欢吃的东西，后给他吃。另外，宝宝挑食的最大原因，在于食物是否易于入口。这个时期的宝宝，磨牙还没有长出来，可能有些菜吃起来有困难。所以一些难以入口的蔬菜，应该做得细软一些，或者煮汤给他吃。

不要强行喂食

宝宝食欲不佳时，如果硬要他吃下定量的食物，会引起他的反感，导致宝宝厌食或者挑食。坚硬粗糙的餐具也会让宝宝形成条件反射，对所有送到嘴边的食物产生怀疑，拒绝食用。父母要细心观察，放慢节奏，渐渐让宝宝爱上母乳以外的食物。

紫菜助宝宝快速成长

紫菜富含胆碱和钙、铁等矿物质，能增强记忆，预防贫血，促进骨骼、牙齿的生长。紫菜所含的多糖具有明显增强细胞免疫和体液免疫的功能，可提高机体的免疫力。

紫菜豆腐粥

好食材

豆腐30克，紫菜10克，大米适量。

精心做

1. 将豆腐搅碎成泥；大米淘净，浸泡半小时。
2. 大米加水熬成粥，加入豆腐泥、紫菜，转小火慢炖至豆腐熟透即可。

营养讲解

紫菜等海藻类食物含丰富的碘，碘是甲状腺素的基本元素，对促进生长发育及调节新陈代谢是非常重要的。

小米蛋奶粥

好食材

小米30克，鸡蛋1个，配方奶适量。

精心做

1. 小米淘净，浸泡1小时，鸡蛋打散。
2. 小米煮开后，倒入蛋液搅拌均匀，放温后加入配方奶调匀即可。

营养讲解

口味清香、营养丰富的蛋奶粥富含DHA和卵磷脂、卵黄素，对宝宝神经系统和身体发育有利，能健脑益智，改善记忆力，并促进肝细胞再生。

鱼泥豆腐苋菜粥

好食材

鱼肉、嫩豆腐、苋菜、大米各20克。

精心做

1. 嫩豆腐切丁；苋菜用开水烫后切碎。
2. 鱼肉煮熟后去骨、去刺，捣碎成泥。
3. 大米煮成粥后放入鱼肉泥、豆腐丁与苋菜，再煮5分钟即可。

营养讲解

苋菜含有丰富的铁、钙和维生素K，可以促进凝血，增加血红蛋白含量并提高携氧能力，促进造血等。

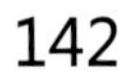

多吃核桃让宝宝更聪明

核桃含有丰富的B族维生素和维生素E，可防止细胞老化，能促进宝宝大脑发育、增强记忆力，经常吃核桃的宝宝会更聪明。

核桃红枣羹

好食材

核桃仁2个，红枣3颗，米粉30克。

精心做

1. 核桃仁、红枣用清水洗净，放入锅中蒸熟。
2. 红枣去皮去核，与蒸熟的核桃一起碾成泥状。
3. 将米粉用温开水调成糊，加入核桃红枣泥一起搅拌均匀即可。

营养讲解

中医认为红枣味甘性温、归脾胃经，有补中益气、养血安神的作用。核桃中的脂肪和蛋白质则是促进大脑发育最好的营养物质。

苹果猕猴桃羹

好食材

苹果半个，猕猴桃1个。

精心做

1. 苹果洗净，去皮去核后，切成小丁。
2. 猕猴桃去皮，切成约1厘米见方的块。
3. 将苹果、猕猴桃放入锅内，加清水大火煮沸，再转小火煮10分钟即可。

营养讲解

苹果中丰富的锌是人体内许多重要酶的组成部分，猕猴桃中维生素C含量颇高，两者搭配食用，营养更均衡。

蔬菜豆腐泥

好食材

豌豆荚适量，豆腐半块，鸡蛋黄半个。

精心做

1. 豌豆荚烫熟后，切成小块。
2. 半杯水和豌豆荚放入小锅，豆腐边捣碎边加进去，煮到汤汁变少。
3. 将蛋黄打散加入锅里，煮熟即可。

营养讲解

豆腐的蛋白质含量丰富，而且属完全蛋白质，不仅含有人体必需的八种氨基酸，而且比例也接近人体需要，营养价值高。

海带强壮宝宝的身体

海带中富含碘和钙，对宝宝的骨骼发育有促进作用。海带中含有褐藻糖胶，它有抗病毒的作用，能增强宝宝的抵抗力。

肉末海带羹

好食材

肉末 20 克，海带 30 克，姜末适量。

精心做

1. 海带洗净后切成细丝，然后剁碎，混入肉末，加姜末拌均匀。
2. 锅内加水煮开后，下入肉末和海带，边煮边搅，煮至海带绵软即可。

营养讲解

猪肉可以提供优质蛋白质、必需的脂肪酸和血红素（有机铁），以及能促进铁吸收的半胱氨酸，能改善宝宝缺铁性贫血症状。

土豆胡萝卜肉末羹

好食材

土豆50克，胡萝卜1根，肉末、香油各适量。

精心做

1. 将胡萝卜、土豆洗净去皮，切成丝，放入搅拌机打成泥。
2. 把土豆胡萝卜泥与肉末混合，调匀。
3. 把土豆胡萝卜肉末糊放在小碗里，上锅蒸熟，出锅前加适量香油即可。

营养讲解

胡萝卜素有“小人参”之称，富含糖类、脂肪、胡萝卜素、花青素等营养物质。

黑米粥

好食材

大米10克，黑米20克，红小豆30克。

精心做

1. 大米、黑米、红小豆分别洗净后，浸泡2小时。
2. 将大米、黑米、红小豆放入锅中，加入适量水，煮至稠烂即可。

营养讲解

黑米粥清香油亮，软糯适口，营养丰富，尤其适合贫血的宝宝食用。

香菇营养功效多

香菇含有大量的可转变为维生素D的麦角固醇和菌固醇，对婴儿因缺乏维生素D而引起的血磷、血钙代谢障碍导致的佝偻病有食疗作用。

蛋黄香菇粥

好食材

生蛋黄1个，香菇2朵，大米30克。

精心做

1. 大米淘洗干净，浸泡1小时。
2. 香菇用水浸泡20分钟，去蒂，切成丝；生蛋黄打散。
3. 将大米和香菇丝放入锅中，加水煮沸，再下鸡蛋液，搅拌均匀，煮至粥熟即可。

营养讲解

香菇含有多种氨基酸和维生素，能促进新陈代谢，提高宝宝的抵抗力。

菠菜鸡肝泥

好食材

菠菜 20 克，鸡肝 2 块。

精心做

1. 鸡肝洗净后去膜、去筋，剁碎成泥状；菠菜洗净后用热水焯一下。
2. 将菠菜剁成蓉，与鸡肝泥混合搅拌，加适量水搅成糊，上锅蒸 5 分钟。

营养讲解

鸡肝中铁含量丰富，而且比较容易吸收，是补血最常用的食物。鸡肝中维生素 A 的含量也很高，对宝宝的视力发育及牙齿的生长极有好处。

柠檬土豆羹

好食材

土豆 1/2 个，生蛋黄 1 个，柠檬汁适量。

精心做

1. 土豆去皮切成丁。锅中加入适量水，放入土豆丁，加入柠檬汁，待汤烧沸。
2. 将蛋黄打入碗中搅拌均匀，慢慢倒入锅中，煮熟即可。

营养讲解

土豆含有的黏蛋白，不但有促进脂类代谢作用，还有润肠作用，能帮助宝宝排便。

芋头是碱性食物

芋头中含有蛋白质、钙、磷、铁、钾、镁、钠、胡萝卜素、烟酸、维生素C、B族维生素、皂角苷等多种营养成分，所含的矿物质中，氟的含量较高，对宝宝来说有洁齿防龋、保护牙齿的作用。

芋头丸子汤

好食材

芋头1个，牛肉50克。

精心做

1. 芋头削去皮，洗净，切成丁。
2. 将牛肉洗净，切成碎末，切好的肉末加一点点水沿着一个方向搅打上劲，做成丸子。
3. 锅内加水，煮沸后，下入牛肉丸子和芋头丁，煮沸后再转小火煮熟，盛入碗中即可。

营养讲解

芋头丸子汤富含蛋白质、钙、磷、铁、胡萝卜素等营养物质，还含有丰富的低聚糖，低聚糖能增强宝宝的免疫力。

鸡蛋布丁

好食材

鸡蛋1个，配方奶80毫升。

精心做

1. 鸡蛋磕入碗内，取蛋黄打成蛋黄液。
2. 把配方奶缓缓倒入蛋黄液中拌匀，放入锅中，隔水蒸熟，放温后喂宝宝吃。

营养讲解

宝宝食用蛋类可以补充奶类中铁的匮乏。由于蛋中的磷很丰富，但钙相对不足，所以，将奶类与鸡蛋搭配食用，就可以做到营养互补了。

西红柿鸡蛋面

好食材

儿童面条50克，西红柿、生蛋黄各1个，青菜2棵。

精心做

1. 将西红柿去皮，切丁；生蛋黄打散。
2. 锅中加水，放入西红柿丁略煮后，放入面条、青菜煮熟，再淋上蛋黄液即可。给宝宝吃时，将青菜、面条用辅食剪剪成小段即可。

营养讲解

西红柿鸡蛋面不仅能帮助消化，调理肠胃功能，还有增强免疫力的功效。

第十章
11 个月 食物品种多样化

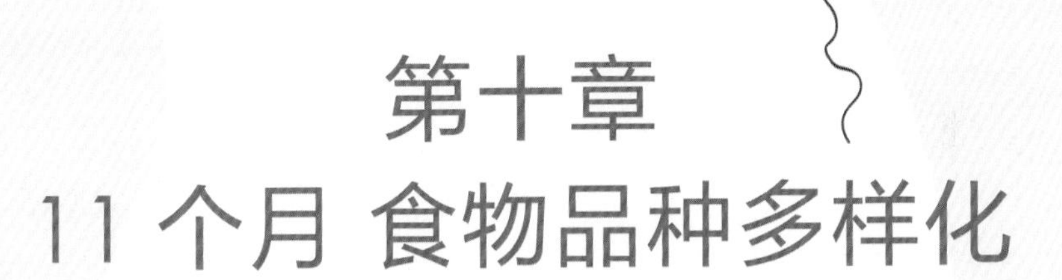

婴儿期最后两个月是宝宝身体生长较迅速的时期，让宝宝自己用牙齿咀嚼食物，不仅可以品尝美味多汁的食物，还可以促进小乳牙的萌出。品尝，还是宝宝感知世界的一个有效途径。这时食物的营养应该更全面和充分，除了瘦肉、蛋、鱼、豆浆外，还要注意补充蔬菜和水果。辅食制作要经常变换花样，巧妙搭配。

上午	6:00	母乳或配方奶 250 毫升
	8:00	山药三明治 80 克
	10:30	三味蒸蛋 50 克
	12:00	肉松饭 50 克，菠菜汆鱼片 80 克
下午	15:00	水果 100~150 克
	18:00	排骨汤面 120 克
晚上	21:00	母乳或配方奶 250 毫升

宝宝发育情况

这一阶段的宝宝普遍已长出了上下中切牙，能咬下较硬的食物。有些妈妈因为身体或工作原因，准备给宝宝断奶了。此时宝宝的饮食结构会有较大的变化，乳品虽然仍是主要食物，但添加的食物已演变为一日三餐加一顿点心，其提供 2/3 以上的能量，成为宝宝的主要食物。满 11 个月时，男宝宝体重 7.04~3.68 千克，身高 67.5~83.6 厘米；女宝宝体重 6.71~12.85 千克，身高 66.1~82 厘米。

喂养重点

宝宝的饮食习惯和规律向三餐一点心两顿奶转变。此阶段妈妈要保证宝宝一日的饮奶量不少于 500 毫升。恰当地搭配食物种类，以保证宝宝的营养均衡。

在增加了固体食物的同时，需要注意食物的软硬度。水果类可以稍硬一些，但是肉类、菜类、主食类还应该软一些。因为此时宝宝的磨牙还没有长出，如果食物过硬，宝宝不容易嚼烂，容易发生危险。

学会食物代换原则

如果宝宝讨厌某种食物，也许只是暂时性不喜欢，可以先停止喂食，隔段时间再让他吃，在此期间，可以喂给宝宝营养成分相似的替换品。

妈妈大可不必过于急躁，多给宝宝一些耐心，也许哪一天换种烹调方式，或者把食物摆成一个可爱的造型，宝宝就爱吃了。

白开水是最好的饮料

宝宝比成人更需要水分的补充。定时饮水，不要等宝宝渴了才喝，这样有利于保持体内水平衡。许多家长认为饮料或者各种奶制品有营养，就让饮料代替了水。其实饮料中所含的防腐剂、调味剂等食品添加剂对宝宝身体有害，过多的糖分摄入还会让宝宝肥胖，影响正餐的进食，进而影响生长发育。水经过煮沸消毒后清洁卫生，白开水才是补充体液的最好选择，最有利于人体的吸收，又很少有副作用。

勿在宝宝面前品评食物

有的妈妈不爱吃某一种食物，也不给宝宝吃，或者在吃的时候表现出对这种食物的厌恶。也许妈妈不知道，宝宝会模仿大人的行为，所以家长不应在宝宝面前挑食及品评食物的好坏，以免养成他偏食的习惯。要想宝宝不挑食，家长要从自身做起，只有保证饮食的多样性，才能保证营养元素的全面均衡，这对宝宝的成长非常有必要。

还要帮助宝宝学会咀嚼，有些宝宝因为不习惯咀嚼，会用舌头将食物往外推，妈妈要在这时给宝宝示范如何咀嚼食物并且吞下去。可以放慢速度多试几次，让他有更多的学习机会。

因患病引起的厌食要重视

如贫血、缺锌、急慢性感染性疾病等，往往会导致宝宝反复感冒、腹泻，或患上其他慢性病。健康状况差，影响了宝宝的食欲，这就需要请教医生进行综合调理，必要时可以服用一些中药，调理宝宝的脾胃。妈妈可以带宝宝去医院检查一下，若经医生检查未发现宝宝有任何疾病，就要在其他方面找原因。

“小人参”胡萝卜

胡萝卜含有大量β-胡萝卜素，有补肝明目的作用，可预防夜盲症。胡萝卜的芳香气味是挥发油造成的，能增进食欲，促进消化，并有杀菌作用。

三味蒸蛋

好食材

鸡蛋1个，豆腐、胡萝卜、西红柿各50克。

精心做

1. 豆腐略煮，捞出研成碎末；西红柿剁成末；胡萝卜用粉碎机研成末；鸡蛋打散。
2. 将西红柿末、豆腐末和胡萝卜末倒入蛋液碗中，加一点水搅匀。
3. 放入蒸锅内蒸10分钟即可。

营养讲解

蛋黄中含有丰富的卵磷脂、固醇类、蛋黄素以及钙、磷、铁、维生素A、维生素D等，这些成分对增进宝宝神经系统的功能大有裨益。

肉松饭

好食材

大米饭 1 碗，肉松、海苔各适量。

精心做

1. 将上述食材均匀分成 4 等份，取 1 份先来做。
2. 先将 1 份肉松包入米饭中。手上沾水，双手掌将米饭揉搓成圆形。
3. 将海苔搓碎，撒在饭团上即可。

营养讲解

肉松是宝宝补铁的不错选择哦，因为肉松在加工过程中，浓缩了包括铁在内的多种营养素。

鲜虾菠菜粥

好食材

大米 50 克，鲜虾仁 20 克，菠菜适量。

精心做

1. 大米加水熬成粥；菠菜洗净，切碎。
2. 将虾仁蒸熟切成粒，加入粥内熬 5 分钟，出锅前拌入菠菜碎，烧开即可。

营养讲解

虾仁肉质松软，易消化，蛋白质及钾、碘、镁、磷等矿物质含量丰富，对身体虚弱的宝宝是很好的补益食物。

鸡肉是重要的磷脂来源

鸡肉肉质细嫩，蛋白质含量较高，且易被人体吸收利用，有增强体力，强壮身体的作用。鸡肉中富含对宝宝生长发育有重要作用的磷脂类，是膳食结构中磷脂的重要来源之一。

玉米鸡丝粥

好食材

鸡脯肉 40 克，大米 50 克，玉米粒 20 克，芹菜半根，淀粉适量。

精心做

1. 大米加水煮成粥；芹菜洗净，切末。
2. 鸡脯肉切丝，拌入少许淀粉，放入粥内同煮。
3. 加入玉米粒和芹菜末一同煮熟即可。

营养讲解

玉米中有一种叫谷氨酸的物质，可以促进大脑的发育。玉米还富含维生素和脂肪酸等有益于宝宝生长发育的营养物质。

荠菜烧鱼片

好食材

荠菜1小把，黄鱼肉50克，高汤适量。

精心做

1. 荠菜洗净切碎；鱼肉切片。
2. 锅中加油，烧至四成热时放入鱼片，煎至断生时取出。
3. 锅内留底油，加入荠菜略炒，加高汤，烧开后投入鱼片，再煮2分钟即可。

营养讲解

荠菜含有大量的膳食纤维，食用后可促进肠蠕动，预防宝宝便秘。

鸡肝胡萝卜粥

好食材

鸡肝2块，胡萝卜半根，米饭半碗，高汤适量。

精心做

1. 鸡肝及胡萝卜洗净，蒸熟后捣成泥。
2. 米饭用高汤熬成粥，将胡萝卜泥、鸡肝泥加入粥内同煮片刻即可。

营养讲解

经常食用动物肝能补充维生素B_2，这是人体生化代谢中许多酶和辅酶的组成部分，在细胞增殖及皮肤生长中发挥着间接作用。

排骨是补钙小能手

排骨有很高的营养价值，具有滋阴润燥、益精补血的功效。排骨中除含蛋白质、脂肪、维生素外，还含有大量磷酸钙、骨胶原、骨黏蛋白等，可强健宝宝的骨骼。

排骨汤面

好食材

排骨50克，面条30克，葱段、姜片各适量。

精心做

1. 排骨洗净后下入冷水锅，煮开后，捞出。
2. 将排骨放入紫砂煲，加温水，放入葱段、姜片，用慢档煲2小时。
3. 盛出排骨汤放入另一个锅中，加入面条煮熟即可。排骨可剔去骨头，将肉切碎，撒在面条上给宝宝吃。

营养讲解

此面滑润爽口，鲜香味浓，易于消化吸收，有改善贫血、增强免疫力、平衡营养等功效。

菠菜汆鱼片

好食材

草鱼半条，菠菜2棵，鸡蛋1个，淀粉、香油各适量。

精心做

1. 草鱼切片，打入鸡蛋清，加淀粉抓匀上浆；菠菜焯熟后切碎。
2. 油锅烧热，放鱼片滑油，捞起。
3. 另起一锅，倒入菠菜和鱼片，加水炖5分钟，出锅前淋入香油即可。

营养讲解

此汤含有丰富的蛋白质、脂肪、维生素E等多种营养素，有增强宝宝体力的作用。

丝瓜粥

好食材

丝瓜50克，大米40克，虾皮适量。

精心做

1. 丝瓜洗净去瓤，切成小块；大米用水浸泡30分钟，备用。
2. 大米倒入锅中，加水煮成粥，快熟时，加入丝瓜块和虾皮同煮，烧沸入味即可。

营养讲解

丝瓜与大米、虾皮同煮粥，不仅可以补充丰富的营养，还可以清热和胃、化痰止咳。

牛肉是增长肌肉的首选

牛肉富含蛋白质，其氨基酸组成更接近人体需要，能提高机体抗病能力，促进肌肉生长，对身体虚弱的宝宝特别适宜。寒冬食牛肉可暖胃，是该季节的补益佳品。

牛肉河粉

好食材

河粉50克，牛肉片30克，豆芽、芹菜末、高汤各适量。

精心做

1. 将河粉切小段，煮熟，用冷开水冲凉。
2. 高汤中加入牛肉片煮熟，再加入豆芽、芹菜末煮滚，起锅前加入河粉稍煮即可。

营养讲解

牛肉河粉富含碳水化合物，可以给宝宝的身体储存和提供热能，并维持大脑功能的运转。

肉末炒木耳

好食材

猪肉50克，鲜木耳20克，料酒、香油各适量。

精心做

1. 猪肉洗净切末；鲜木耳洗净，切碎。
2. 净锅上火，倒入油烧热，下入猪肉末炒至变色，烹入料酒；下入木耳，炒至熟，淋入香油即可。

营养讲解

木耳中铁的含量很丰富，可防治缺铁性贫血，能令宝宝肌肤更红润。

芙蓉丝瓜

好食材

丝瓜50克，鸡蛋1个，淀粉适量。

精心做

1. 丝瓜去皮洗净，切成小丁；鸡蛋磕开取蛋清，加入淀粉调匀待用。
2. 油锅烧热，入蛋清炒至凝固。
3. 另起油锅，放入丝瓜丁和蛋清，炒匀，加水煮至丝瓜软烂，用淀粉勾芡即可。

营养讲解

此菜有丰富的蛋白质，可以满足宝宝身体发育的需要，减少营养不良症的发生。

山药健脾增食欲

山药含有大量的蛋白质和维生素，可以增强体质。特别是夏季没有食欲的宝宝，坚持吃一段时间的山药，能够健脾益气，促进身体健康，且不易长胖。

山药三明治

好食材

山药50克，煮鸡蛋半个，甜椒10克，切片面包2片，沙拉酱适量。

精心做

1. 山药蒸熟，压成泥；鸡蛋切细末；甜椒洗净，切细丝，用热水焯烫一下。
2. 将上述食材与沙拉酱一起拌匀。
3. 将面包切去四边，夹入山药沙拉即可。

营养讲解

这款香香的三明治，富含膳食纤维，能促进肠胃蠕动，帮助消化，有健胃消食的效果。

鱼肉蒸糕

好食材

鱼肉60克，洋葱末20克，蛋清1个。

精心做

1. 将鱼肉切碎，连同洋葱末、蛋清放入搅拌机内搅拌。
2. 拌好的食材放入动物形状模具里，做成宝宝喜欢的形状。
3. 放在锅里蒸10分钟即可。

营养讲解

清香细嫩，味道鲜美，营养丰富，容易消化，是宝宝添加辅食的好选择。

草莓酱蛋饼

好食材

鸡蛋1个，草莓5个，草莓酱、面粉各适量。

精心做

1. 鸡蛋打散，加水和面粉调成糊；草莓洗净去蒂，切小粒。
2. 煎锅放油烧热，倒入蛋糊，摊成蛋饼。
3. 草莓粒放入草莓酱中拌匀，倒在蛋饼上，包好即可。

营养讲解

草莓富含胡萝卜素和维生素C，可增强宝宝免疫力，消除自由基，促进生长发育。

第十一章
12 个月 断奶进行时

宝宝满周岁时，有部分妈妈由于各种原因开始给宝宝断母乳了，这对妈妈和宝宝来说都是一件大事，一定要注意平稳过渡。在此期间一日三餐就显得尤为重要，需要妈妈格外用心地去准备、制作。

上午	6:00	母乳或配方奶 250 毫升
	8:00	草莓麦片粥 80 克
	10:30	茄虾饼 50 克
	12:00	西红柿通心粉 100 克，海米冬瓜汤 50 克
下午	15:00	水果 150 克
	18:00	燕麦南瓜粥 80 克，香椿芽拌豆腐 50 克
晚上	21:00	母乳或配方奶 250 毫升

宝宝发育情况

这个阶段，宝宝可以跟爸爸妈妈一起吃饭了。他的消化吸收能力显著加强，能够比较安静地坐下进食，用手拿小勺的本事也有长进，也长出了 6~8 颗牙齿。满 12 个月时，男宝宝体重 8.1~12.4 千克，身高 70.7~81.5 厘米；女宝宝体重 7.4~11.6 千克，身高 68.6~80 厘米。

喂养重点

宝宝现在喝奶量逐渐减少，辅食量逐渐增加，要注意荤素搭配，如果辅食中蛋白质和脂肪居多，膳食纤维含量较少，那样宝宝会容易便秘的。

牙齿的萌出和颌骨的正常发育与美观，以及肠胃道功能及消化酶活性的提高，都需要通过固体辅食的添加来锻炼。单纯吃泥糊状食物虽然能够满足营养均衡的要求，但是其余的任务却很难实现，因此这阶段要适当增加食物的硬度。

注重宝宝的每一口饭

饮食习惯是逐步养成的，爸爸妈妈给宝宝吃进的每一口食物都是重要的，都关系到宝宝的消化吸收、关系到宝宝的食量及食欲的养成，最终关系到宝宝的健康。尤其是零食，如饮料、甜点、糖果、饼干等，最容易惯坏宝宝的胃口。虽然一些比较有营养的食物，像果汁和糕点是宝宝需要的，但不加限制地吃，却是对宝宝有害的。

培养规律的饮食习惯

给宝宝用餐就要按时按点，不能因为大人的原因省略正常进食的某一餐。因为

宝宝需要充分的营养，少了正餐或点心都会导致血糖降低，进而导致宝宝情绪不稳定。尤其是学步期间的宝宝，由于活动量增大，消耗多，因此就饿得快，这就需要中间加点儿点心来补充热量，但往往宝宝吃了点心后又可能不好好吃正餐，所以在这种情况下，在给宝宝吃点心时，就不要让宝宝吃得太多，以宝宝能够正常吃正餐为原则。

让宝宝自己吃东西

1岁的宝宝，不但具有了肌肉的控制力，而且还有了良好的手眼协调能力，已经能够很好地控制手的动作了。宝宝已经知道，拿小勺舀饭的时候，应该凹的一面向上，宝宝拿小勺的位置、手的角度掌握得都比较好，已经能够轻易地把食物舀起来，送到自己的口中。

但是，有的宝宝仍然还不能很好地控制自己的动作，可能会把食物弄得到处都是，甚至抓翻了碗，弄洒了汤汁。在这种情况下，爸爸妈妈不要怕弄脏了衣服，或者弄脏了桌子、地板，应该鼓励宝宝继续吃。另一方面，妈妈也不能完全让宝宝自己来。因为宝宝尽管每次开始吃饭时总可能表现出足够的热情，但过不了多久随着这股热情的消失，就会不耐烦了，这时就需要妈妈来喂宝宝吃东西，以免让宝宝一顿饭吃很长时间。

别给1岁前的宝宝喝牛奶

宝宝1岁之前不要喝牛奶；2岁以内的宝宝也最好少喝。因为宝宝的胃肠道、肾脏等系统发育尚不成熟，牛奶中高含量的酪蛋白、脂肪很难被消化吸收；牛奶中含量较高的磷会影响钙的吸收；牛奶中的矿物质会增加宝宝肾脏的负担；牛奶中的α型乳糖容易诱发宝宝胃肠道疾病。若因特殊情况需要喝牛奶，要煮沸后把上面的奶皮去掉再给宝宝喝。

香椿能清热解毒

香椿具有清热健胃、消炎解毒的作用。而且香椿含有香椿素，其挥发性气味能透过蛔虫的表皮，使蛔虫不能附着在肠壁上而被排出体外，对于预防宝宝蛔虫病有很好的效果。

香椿芽拌豆腐

好食材

嫩香椿芽50克，嫩豆腐30克，盐、香油各适量。

精心做

1. 嫩香椿芽洗净后用开水烫5分钟，挤出水，切成细末。
2. 把嫩豆腐盛盘，加入香椿芽末、盐、香油拌匀即可。

营养讲解

此菜含有丰富的大豆蛋白质、脂肪酸以及钙、磷、铁等矿物质，对保证宝宝大脑健康发育有重要作用。

茄虾饼

好食材

茄子50克，虾肉20克，面粉50克，鸡蛋1个，姜末、香油各适量。

精心做

1. 将茄子洗净，切丝，挤去水分，加入虾肉、姜末和香油，拌和成馅。
2. 面粉加蛋液、水调成面浆。
3. 油锅烧至六成热，舀入面浆摊饼，中间放馅，再盖上半勺面浆，两面煎黄。

营养讲解

饼质松软，易消化，特别适合身体虚弱和食欲不佳的宝宝食用。

西红柿通心粉

好食材

通心粉80克，西红柿1个，洋葱20克，奶酪粉、西红柿酱各适量。

精心做

1. 洋葱、西红柿切成丁，放入锅中炒香。
2. 锅中加水，放入通心粉，煮10分钟捞出。将面摆放在盘中，浇上西红柿酱和炒好的蔬菜，撒上奶酪粉即可。

营养讲解

通心粉中丰富的镁，能促进宝宝骨骼生长和调节胃肠道功能。

麦片可预防便秘

燕麦中丰富的β葡聚糖能改善免疫系统，有效抗击病毒、细菌和寄生虫，从而提高宝宝的免疫力。燕麦中膳食纤维丰富，可令人长时间保持饱腹感，并帮助宝宝预防便秘。

营养讲解

此粥色美，酥烂，稀稠适度，含有丰富的蛋白质，其中草莓对胃肠道和贫血均有一定的滋补调理作用。

草莓麦片粥

好食材

麦片 50 克，草莓 3 个。

精心做

1. 将草莓洗净，去蒂捣成泥。
2. 锅中加水，大火烧沸，入麦片煮沸 3 分钟；将草莓加入沸粥中，拌匀再煮沸即可。

丝瓜鸡蛋汤

好食材

虾仁20克，丝瓜30克，鸡蛋1个，葱花、姜丝、香油各适量。

精心做

1. 虾仁洗净；丝瓜洗净，去皮切片；木耳洗净，撕成小朵。
2. 油锅烧热，放葱花、姜丝爆香，放入虾仁、丝瓜烹炒，加水，烧开后打入鸡蛋煮熟，出锅前淋入香油即可。

营养讲解

丝瓜鸡蛋汤能提供给宝宝丰富的蛋白质，减少营养不良症状的发生。

海米冬瓜汤

好食材

冬瓜50克，海米30克，姜丝、葱末各适量。

精心做

1. 海米用水冲一下，泡15分钟；冬瓜洗净，去皮，切成薄片。
2. 油锅烧热，爆香姜丝、葱末，加海米稍炒，加水和冬瓜，煮烂即可。

营养讲解

冬瓜含有丰富的水分，具有清热毒、利排尿、祛湿解暑等功效。

芝麻健脑益智

芝麻含有的多种人体必需氨基酸在维生素E、维生素B_1的参与作用下，能加速人体的代谢功能。含有的铁和维生素E是预防贫血、活化脑细胞的重要成分。

黄豆芝麻粥

好食材

大米50克，黄豆、芝麻粉各20克。

精心做

1. 黄豆洗净浸泡8小时；大米淘净，浸泡1小时。
2. 先用大米和黄豆煮粥，粥滚后再加入芝麻粉搅拌均匀即可食用。

营养讲解

黄豆芝麻粥能起到补肝肾，润五脏，滋润皮肤的作用，可以使宝宝的面色红润有光泽。

燕麦南瓜粥

好食材

燕麦30克，大米50克，小南瓜1/4个，葱花适量。

精心做

1. 南瓜洗净削皮，切小块；大米洗净，浸泡1小时。
2. 大米煮熟后，放入南瓜块、燕麦，小火再煮10分钟。出锅时放葱花点缀。

营养讲解

燕麦和南瓜都是食疗价值非常高的食材，两者结合熬粥营养更佳，能够帮助肠胃蠕动，促进消化。

芋头玉米泥

好食材

芋头、玉米粒各50克。

精心做

1. 芋头去皮切成块，煮熟。玉米粒洗净，煮熟，放入搅拌机搅拌成玉米浆。
2. 熟芋头压成泥，倒入玉米浆拌匀即可。

营养讲解

玉米富含蛋白质，多种维生素、膳食纤维、胡萝卜素、亚植物油酸等营养成分，芋头的淀粉含量达70%，此外还富含蛋白质，钙、磷、铁、钾、镁等，对宝宝的肝肾有益。

花生是补脑健脑的“益智果”

花生是一种营养丰富的高蛋白油料作物，蛋白质含量高达30%，营养价值可与动物性食品鸡蛋、牛奶、瘦肉媲美，并且比动物性食品更易于被吸收利用。

营养讲解

花生中含有丰富的人体必需的8种氨基酸，并且花生中含有丰富的卵磷脂，可促进宝宝大脑发育，增强记忆力。

牛奶花生糊

好食材

黑芝麻20克，花生米20粒，配方奶50毫升。

精心做

1. 将黑芝麻、花生米磨成粉末。
2. 配方奶中加入花生粉、芝麻粉并搅匀，煮15分钟即可。

三色豆腐虾泥

好食材

胡萝卜半根，鲜虾30克，小青菜1棵，豆腐50克，料酒适量。

精心做

1. 胡萝卜切碎；虾去壳，挑出虾线，剁成蓉；青菜碎末。
2. 豆腐压碎，与胡萝卜、虾蓉、青菜碎一起，用料酒拌匀，上锅蒸8分钟。

营养讲解

豆腐、鲜虾、胡萝卜是很好的搭配。虾肉肥嫩鲜美，不腥无刺，还含有丰富的蛋白质和钙等营养物质，是很好的辅食食材。

蒸嫩丸子

好食材

猪瘦肉末60克，青豆1小把，水淀粉适量。

精心做

1. 青豆煮熟，捣烂。
2. 肉末加入青豆泥及水淀粉，搅打至有弹性，再挤成丸子，上锅蒸20分即可。

营养讲解

这道丸子为宝宝提供蛋白质、脂肪、维生素A、维生素E等营养物质，可促进宝宝牙齿、骨骼正常生长发育。

鸭血补血能力强

鸭血有补血、解毒的食疗功效。鸭血中含有丰富的蛋白质，其中有多种人体不能合成的氨基酸，铁含量也较高，这些都是宝宝身体造血过程中不可缺少的物质。

鸭血豆腐汤

好食材

豆腐 1/4 块，鸭血 1 小块，菠菜、香油各适量。

精心做

1. 鸭血、豆腐洗净，分别切成小块。菠菜洗净，切成段。
2. 砂锅内放适量清水，鸭血、豆腐放入同煮。
3. 再加入菠菜段煮 5 分钟，出锅前滴入适量香油即可。

营养讲解

此汤较为清淡，热量较低，蛋白质含量丰富，可为宝宝补充营养，预防贫血。

小白菜鱼丸汤

好食材

小白菜2棵，青鱼50克，海带20克，胡萝卜适量。

精心做

1. 鱼肉剔除鱼刺，剁成泥，搅打上劲，制成鱼丸；小白菜切碎；胡萝卜切碎；海带切段。
2. 将所有原料一起放入锅中，加水，煮至鱼丸漂起即可。

营养讲解

鱼丸比较鲜，配上小白菜，使汤汁更鲜美，而且富含维生素A、铁、钙、磷等，有养肝补血的功效。

鲜虾冬瓜汤

好食材

冬瓜100克，虾仁20克，香菇20克，鸡蛋1个，高汤、盐各适量。

精心做

1. 冬瓜去皮瓤、切小块；香菇洗净切小块；鸡蛋取蛋清；虾仁用盐、蛋清腌片刻。
2. 虾仁过油至八成熟，沥去油。
3. 锅内放入高汤、冬瓜块、香菇块，加盐，煮滚后加入虾仁，再次煮沸即可。

营养讲解

冬瓜含维生素C较多，且钾盐含量高，钠盐含量较低，有利尿的作用。

第十二章
1~1.5 岁 慢慢变化饮食结构

宝宝处于以乳类为主食向普通食物转化的时期，这个阶段的哺喂原则是营养要全面，以保证宝宝生长需要；三餐热量要根据幼儿活动的规律合理分配；食物品种要多样化，一周内的食谱尽量不重复，以保证宝宝良好的食欲。

1 岁至 1 岁半的宝宝正处于智力发育时期，让宝宝经常吃些深海鱼（如马哈鱼、三文鱼、鳕鱼等），可促进大脑发育。大多数宝宝已经长出 12 颗乳牙。满 1 岁半时，男宝体重 8.13~15.75 千克，身高 73.6~92.4 厘米；女宝宝体重 7.79~14.9 千克，身高 72.8~91 厘米。

喂养重点

食物要富有营养和易于消化，不要让小儿吃过于香甜、酸辣的食物，因为它容易造成胃口减退和消化不良。食物的形态可由原来的“末、羹、泥”改为“丁、块、丝”。要小心看护别让宝宝自己吃整粒的坚果，如花生米、瓜子、核桃、干豆等。

上午	8:00	母乳或配方奶 200 毫升，鱼泥馄饨 50 克
	10:00	芒果布丁 50 克，酸奶 50 毫升
	12:00	蛤蜊蒸蛋 100 克，牛肉土豆饼 1 块
下午	15:00	香蕉或苹果 100 克，红薯蛋挞 1 块
	18:00	青菜肉末煨面 100 克
晚上	21:00	母乳或配方奶 250 毫升

限制甜食，预防肥胖

有研究表明，婴儿期肥胖很容易导致成年后肥胖。

宝宝肥胖，最常见的原因是甜食吃得太多。饼干、蛋糕、奶油、糖果等含糖量都很高。身体将多余的糖分自动转化为脂肪，就表现为发胖。而且，饭前吃糖过多会影响食欲，还会消耗体内的 B 族维生素；巧克力会使大脑兴奋，让宝宝多动、易哭闹；甜食吃得过多，还容易导致龋齿。

鸡蛋虽好，多吃无益

1 岁以后鸡蛋仍不能代替主食。有些家长为了宝宝身体长得更健壮些，几乎每餐都给宝宝吃鸡蛋，这很不科学。婴幼儿消化能力差，吃鸡蛋过多容易引起消化不良，增加宝宝胃肠道的负担，重者还会引

宝宝磨牙要重视

有些宝宝睡着时牙齿会“打架”，父母就要重视了。磨牙会使宝宝的咀嚼肌过度疲劳，吃饭、说话时会引起下颌关节和局部肌肉酸痛，张口时下颌关节还会发出响声，这会使宝宝感到不舒服，影响他的情绪。

引起磨牙的原因很多，有可能是牙齿发育不良或牙釉质受到了损害，也可能是肠道寄生虫病，另外宝宝消化功能紊乱、营养不均衡、精神紧张也会导致磨牙。如果磨牙较为严重，要及时去医院检查。

起腹泻。而且由于蛋白中含有一种抗生物素蛋白，在肠道中与生物素结合后能阻止维生素吸收，过多食用会造成婴儿维生素缺乏，影响身体健康。

边玩边吃要及时纠正

从第一次吃辅食开始，就要让宝宝有一种仪式感。最好有固定的场所、固定的餐椅，让宝宝能迅速投入到吃饭这件事情上来。有时宝宝不想吃饭，也不要用玩具逗引，不要边追边喂，饿一点，下一顿会吃得很好。如果已经习惯边吃边玩，要及时纠正，制定吃饭的规矩，不能心软，一次心软，纠正起来会更困难。

鸭蛋黄可促进骨骼发育

鸭蛋黄含有丰富的维生素A和维生素D，可促进骨骼发育。而鸭蛋黄之所以呈浅黄色，是因为它含有核黄素，核黄素就是维生素B_2，它可以预防宝宝烂嘴角、舌炎、嘴唇裂口等。

鸭蛋黄豆腐泥

好食材

豆腐50克，鸡脯肉30克，熟鸭蛋黄1个，葱花、香油各适量。

精心做

1. 将鸡脯肉剁成泥，熟鸭蛋黄研成细泥，豆腐用开水烫过后碾成泥。
2. 将鸡脯肉泥、鸭蛋黄、豆腐泥加水搅拌均匀。
3. 锅置大火上，放少许油烧热，下入葱花，放入泥糊，炒至熟，淋上香油即可。

营养讲解

此菜含有丰富的蛋白质及钙、磷、锌等矿物质，柔嫩顺滑，清淡又不失美味，是道非常全面的补钙辅食。

海米白菜

好食材

白菜梗100克，海米25克，葱花、姜末、盐各适量。

精心做

1. 白菜梗切长条，烫熟；海米泡发。
2. 油锅烧热，爆香葱花、姜末，放入白菜、海米翻炒均匀。
3. 加适量水，大火烧沸后改小火，烧至汤浓，加盐调味即可。

营养讲解

白菜富含维生素C、B族维生素及膳食纤维，是很有营养的蔬菜。

素炒菠菜

好食材

菠菜100克，熟黑芝麻、葱丝、姜丝、盐各适量。

精心做

1. 将菠菜洗净，切段，入沸水中焯一下。
2. 锅中放适量油烧热，投入葱丝、姜丝爆锅，放入菠菜，炒熟后放一点盐调味，再撒上一点熟黑芝麻即可。

营养讲解

菠菜中所含的胡萝卜素，在人体内能转变成维生素A，能维护正常视力和上皮细胞的健康，增强免疫力。

韭菜可增进食欲

韭菜含有挥发性精油及硫化物等特殊成分，散发出一种独特的辛香气味，有助于疏调肝气，增进食欲，增强消化功能。

韭菜炒鸭蛋

好食材

非菜 50 克，鸭蛋 1 个，盐、料酒各适量。

精心做

1. 将鸭蛋打散，淋少许料酒，搅匀；韭菜洗净切末，拌入鸭蛋液，加盐调味。
2. 锅里倒入油，韭菜蛋液倒入锅中，鸭蛋快要凝固时翻炒，煎至鸭蛋呈金黄色即可装盘。

营养讲解

此菜含大量膳食纤维，可清洁肠道，促进排便。而且咸鲜软嫩的口味也更适宜宝宝食用，所含热量也非常低。

蛋包饭

好食材

冷米饭半碗，鸡蛋 1 个，洋葱、培根、玉米粒、青豆各适量。

精心做

1. 洋葱、培根切丁；鸡蛋打散。
2. 热锅入油，下洋葱煸出香味，放培根、玉米粒、青豆煸炒，然后下米饭炒匀。
3. 油锅烧热，将蛋液摊成蛋皮，铺上炒好的米饭，四边叠起即可。

营养讲解

这道蛋包饭含有蛋白质、脂肪、碳水化合物、维生素、膳食纤维等多种有益身体的物质，是色香味俱全的好辅食。

鱼泥馄饨

好食材

鱼肉 50 克，馄饨皮 6 张，韭菜、香菜末、生抽各适量。

精心做

1. 鱼肉去刺，剁成泥；韭菜洗净剁碎。
2. 鱼泥加韭菜末做馅，包入馄饨皮中。
3. 锅内加水把馄饨煮熟，倒少许生抽，撒上香菜末即可。

营养讲解

鱼泥富含蛋白质、不饱和脂肪酸及维生素，宝宝常吃可以促进生长发育。做成馄饨，可以补充身体所需的碳水化合物。

蛤蜊是钙的优质来源

蛤蜊肉里有蛋白质、矿物质、糖类以及维生素A、维生素B_1、维生素B_2等，而且钙含量在海鲜中可是佼佼者哦，每100克含钙量就达到130毫克，属于钙的优质来源。

蛤蜊蒸蛋

好食材

蛤蜊5个，虾仁4个，鸡蛋1个，蘑菇3朵，盐、香油各适量。

精心做

1. 蛤蜊用盐水浸泡，待其吐净泥沙，放入沸水中烫至蛤蜊张开，取肉切碎待用；虾仁、蘑菇洗净切碎。
2. 鸡蛋打散，加少量盐，将蛤蜊、虾仁、蘑菇放入蛋液中拌匀，一起隔水蒸15分钟，淋上香油即可。

营养讲解

蛤蜊蒸蛋味道鲜美，营养丰富，富含多种矿物质、蛋白质，可促进宝宝生长发育。

鸡蓉豆腐汤

好食材

鸡肉50克，豆腐30克，玉米粒20克，高汤、葱花、盐各适量。

精心做

1. 鸡肉洗净，剁碎，与玉米粒、高汤一同入锅煮沸。
2. 豆腐捣碎，加入煮沸的高汤中，放入葱花和盐调味即可。

营养讲解

宝宝在生长发育时，蛋白质及钙质的补充非常重要，豆腐和鸡蓉便是这两种营养素的极佳提供者。

五谷黑白粥

好食材

小米、百合各10克，大米、黑米、山药各20克。

精心做

1. 将大米、小米、黑米淘好，加水煮成粥。
2. 山药去皮，切丁；百合洗净。
3. 山药、百合放入粥内，小火煮10分钟。

营养讲解

山药营养丰富，含有淀粉、蛋白质、黏液质等多种营养素，可为宝宝提供热量，还有补脾健脾的作用。

苦瓜有利维护皮肤健康

苦瓜含有生理活性蛋白，能提高免疫系统的功能，同时还利于人体皮肤新生和伤口愈合。所以常吃苦瓜能增强皮肤活力，使皮肤变得细嫩。

苦瓜粥

好食材

苦瓜小半根，大米50克。

精心做

1. 苦瓜洗净后切成小块；大米洗净，浸泡1小时。
2. 先将大米加水煮成粥，再放入苦瓜，将苦瓜煮熟即可。

营养讲解

夏天给宝宝吃一点苦瓜粥可以清热解毒，排除体内毒素，还能刺激味觉，增进食欲，帮助消化。

虾仁丸子汤

好食材

鲜虾、五花肉各50克，胡萝卜半根，小白菜2棵，盐、香菜各适量。

精心做

1. 虾去壳，去虾线；五花肉切小块；胡萝卜切丝；全部放入搅拌机搅成泥，加盐拌匀。小白菜洗净，切小段。
2. 锅里放油，放小白菜翻炒，加水煮沸。
3. 将泥糊做成丸子，放入锅中同煮至熟，出锅前加香菜点缀即可。

营养讲解

虾仁含丰富蛋白质，配料的营养搭配比较均衡，汤类好吃而易于消化。

青菜肉末煨面

好食材

猪肉末30克，青菜2棵，香菇2朵，面条、虾皮、盐各适量。

精心做

1. 青菜切段，香菇切丝，用沸水焯一下。
2. 锅里加适量水烧开，加入虾皮、猪肉末、香菇，煮熟后下入面条，继续煮5分钟，放青菜略煮，加适量盐调味即可。

营养讲解

青菜肉末面口味清淡，易于消化，能为宝宝提供丰富的营养物质。

洋葱是杀菌小能手

洋葱的鳞茎和叶子中含有一种称为硫化丙烯的油脂性挥发物，具有辛辣味，这种物质能发散风寒，抵御流感病毒，有较强的杀菌作用。

火腿洋葱摊鸡蛋

好食材

火腿、洋葱各 20 克，鸡蛋 1 个，葱末、盐各适量。

精心做

1. 将洋葱洗净，切丁；火腿切同样大小的丁。
2. 鸡蛋磕入碗中，倒入洋葱丁、火腿丁和葱末，加盐搅匀。
3. 平底锅内加入油烧热，倒入搅好的鸡蛋液，煎至两面金黄色即可。

营养讲解

这道炒鸡蛋，能刺激消化腺分泌，增进食欲，可辅助治疗消化不良、食欲不振、食积内停等症。

牛肉土豆饼

好食材

牛肉、土豆各50克，鸡蛋1个，配方奶、姜末、盐、面粉、料酒各适量。

精心做

1. 土豆蒸熟去皮，和配方奶一起捣成泥糊；鸡蛋打散。
2. 牛肉用料酒腌制半小时，放入适量盐、姜末剁成泥，和土豆泥混合。
3. 将牛肉土豆泥做成圆饼，裹面粉，再裹蛋液，放入油锅，双面煎熟即可。

营养讲解

土豆和牛肉搭配，可以健脾胃、补虚弱，令宝宝身体强壮。

什锦烩饭

好食材

米饭1碗，香菇、虾仁、玉米粒、胡萝卜、豌豆、盐、姜末、生抽各适量。

精心做

1. 胡萝卜、香菇分别洗净，切成丁；虾仁、玉米粒、豌豆洗净。
2. 锅中倒油，下姜末爆香，放香菇、虾仁、玉米粒、胡萝卜、豌豆翻炒，加少量水，倒入米饭、盐和生抽，翻炒均匀即可。

营养讲解

什锦烩饭颜色丰富，营养均衡，富含碳水化合物、蛋白质以及维生素。

西红柿营养全面而丰富

西红柿中的胡萝卜素可促进骨骼钙化，防治小儿佝偻病、夜盲症和眼干燥症。而番茄红素具有独特的抗氧化能力，能清除自由基，保护细胞。

西红柿炒鸡蛋

好食材

鸡蛋1个，西红柿1个，盐适量。

精心做

1. 将西红柿洗净，用开水烫一下，去皮，切成片或丁，放在碗中待用。
2. 鸡蛋打碎，放入盐，搅打均匀。
3. 油烧热，把鸡蛋倒入翻炒，再放入西红柿翻炒，出汤后稍收汁即可。

营养讲解

最普通但搭配最合理的一道菜，色泽鲜艳，口味宜人，爽口、开胃，具有护肤美颜的功效。

虾仁豆腐

好食材

豆腐半块，虾仁50克，鸡蛋清1个，葱末、姜末、盐、淀粉各适量。

精心做

1. 豆腐切丁；虾仁加盐、淀粉、蛋清上浆。葱末、姜末、水淀粉调成芡汁。
2. 锅中倒油，放虾仁炒熟，再放豆腐丁同炒，熟后倒入芡汁，翻炒均匀即可。

营养讲解

虾富含钙、磷、镁、蛋白质及不饱和脂肪酸，可为宝宝提供丰富而优质的营养。另外，虾的肉质细嫩，很适合宝宝食用。

杂炒时蔬

好食材

荷兰豆、圆白菜、紫甘蓝各50克，甜椒1个，盐适量。

精心做

1. 圆白菜、紫甘蓝洗净，切片；荷兰豆洗净切段；甜椒去蒂和子洗净，切片。
2. 锅置火上，放油烧热，将所有原料倒入锅中翻炒，略加水，出锅前放盐即可。

营养讲解

荷兰豆具有和中下气、益脾和胃、生津止渴等食疗功效。

芒果可保护视力

芒果中胡萝卜素含量很高，有益于视力，能润泽皮肤。芒果中还含有一种叫芒果苷的物质，有明显的抗脂质过氧化和保护脑神经元的作用，能延缓细胞衰老、提高脑功能。

芒果布丁

好食材

芒果1个，淡奶油20克，配方奶100毫升，白糖、吉利丁片、酸奶各适量。

精心做

1. 芒果切出果肉；吉利丁片泡软。
2. 将2/3芒果肉与淡奶油混合，打成泥状。
3. 将配方奶、白糖加热，加吉利丁片，拌至化开。
4. 将奶汁加入果泥中，加入剩余的芒果丁拌匀，冷藏3小时即可。食用前也可以加点酸奶。

营养讲解

芒果布丁中胡萝卜素的含量丰富，对保护视力有帮助，还可以解渴生津，是非常适合宝宝的一道甜点。

冬瓜肝泥卷

好食材

猪肝1个，冬瓜50克，馄饨皮、盐、姜片、葱段各适量。

精心做

1. 冬瓜洗净切成末；猪肝洗净，用葱段、姜片加水煮熟，剁成泥。
2. 将冬瓜末和猪肝泥混合，加盐搅拌做成馅，用馄饨皮卷好，上锅蒸熟即可。

营养讲解

肝泥富含维生素A和铁元素，与冬瓜搭配，可以使营养更丰富、更均衡。

红薯蛋挞

好食材

红薯1个，蛋黄2个，淡奶油20克，白糖适量。

精心做

1. 红薯去皮，蒸熟，压成泥状，加入白糖、蛋黄以及淡奶油搅拌均匀。
2. 将红薯糊舀到蛋挞模型里，放入预热180℃的烤箱内烤15分钟即可。

营养讲解

红薯含有丰富的赖氨酸，而大米、面粉恰恰缺乏赖氨酸，因而红薯是偶尔代替主食的好选择。

第十三章
1.5~2 岁 喜欢上吃饭

2 岁的宝宝牙齿已经长齐了，所以主要食物也要逐渐开始从泥状转向混合食物。虽然还不能给宝宝吃大人的食物，不过可以适当训练宝宝的咀嚼功能。食物品种的丰富，也会使宝宝在这一阶段爱上吃饭。

宝宝发育情况

1岁5个月时，宝宝已经有至少12颗牙齿了。到1岁10个月时，出牙快的宝宝已经有20颗牙齿了，出牙较慢的宝宝也有16颗牙齿了，这阶段宝宝的咀嚼功能也日趋完善，随着咀嚼、消化能力的提高，宝宝的饮食也将进一步成人化。

满2岁时，男宝宝体重9.06~17.54千克，身高78.3~99.5厘米；女宝宝体重8.70~16.77千克，身高77.3~98厘米。

喂养重点

这一阶段如果还没断母乳的宝宝应该尽快断乳，否则将不利于建立适应宝宝未来生长发育的饮食习惯，而且不利于宝宝的身心发展。1.5~2岁的宝宝胃容量有限，适宜少食多餐。1.5岁之前给宝宝在三餐之间加两次点心，1.5岁之后减为三餐一点心，点心可以在下午吃。加点心一定要适量，而且不能距离正餐太近，不要影响宝宝正餐的饭量。在烹饪的时候可把蔬菜加工成细碎软烂的菜末炒熟调味。适量摄入动植物蛋白质，可用肉末、鱼丸、鸡蛋羹、豆腐等易消化的食物喂给宝宝。

上午	8:00	母乳或配方奶100~150毫升，海苔饭团1个
	10:00	酸奶50毫升，鸡肉卷1个
	12:00	核桃仁稠粥1碗，葱烧小黄鱼100克，素炒三鲜80克
下午	15:00	水果100克
	18:00	虾仁青豆饭1碗，五色紫菜汤1碗
晚上	21:00	母乳或配方奶200毫升

适当给宝宝吃粗粮

很多成人知道吃粗粮的好处，却认为幼小的宝宝只能吃精粮。粗粮比细粮含有更多的赖氨酸和蛋氨酸，这两种氨基酸人体不能合成，而宝宝生长发育又很需要。因此从这个阶段起，可以适当给宝宝吃些粗粮。宝宝经常吃粗纤维食物，可以促进咀嚼肌的发育，有利于牙齿和下颌的发育，能促进胃肠蠕动，增强胃肠消化功能，防止便秘，还具有预防龋齿的作用。主食可以粗细混用，粗粮细做，容易被宝宝接受。

巧添零食保证正餐

要选择好给宝宝吃零食的时间，在宝宝吃中晚餐之间喂给宝宝一些点心水果，但是不要喂太多，约占总热量的15%就好。

宝宝的零食最好选择水果、全麦饼干、面包等食品，并且要经常更换口味，宝宝才爱吃，不要选择糕点、糖果、罐头、巧克力等零食，这些食品不仅含糖量高而且油脂多，不容易消化，还会导致宝宝肥胖。

不要纠正左撇子宝宝

根据习惯于用哪一侧手工作，医学上将人分为左利手和右利手。右利手的人习惯于用右手工作，左利手俗称左撇子，习惯于用左手工作。有些父母看到自己的宝宝是左撇子，千方百计想把他纠正过来。

强迫左撇子改用右手，大脑中的"优势半球"并未改变，这无形中加重了宝宝大脑功能的负担，容易在两半球的功能调整中造成紊乱，造成说话不清、口吃、书写迟钝等，甚至使智力发育受到影响。所以，如果宝宝是左撇子的话，就让他自由地用左手好了。

宝宝是用手开始触摸这个世界的，也是开始创造性地使用手的，发挥宝宝的这种创造性是很重要的。如果妈妈总是限制好用的手，就是束缚由手进行的创造。宝宝想用哪只手，就让他怎么方便怎么用。

固定地点吃饭不追喂

让宝宝坐在椅子上吃饭，宝宝有时会不安分地跑掉。如果妈妈去追，宝宝会觉得很有趣，他会更想这样做。所以即使宝宝逃走了，也不必去追，等他回来后，继续给他吃。

对喜欢站着吃的宝宝，应该很有耐心地和他说："好好坐着吃哦。"或者可以尝试将椅子放低，脚着地，吃饭时双脚触地，与坐着双脚凌空相比，双脚触地时的咀嚼力更强，更便于吃饭。

就餐位置固定，每个人都坐在自己固定的位置上，如果给宝宝准备的是儿童餐椅，那他的位置也固定下来，妈妈坐在他的右手边，大部分时间让宝宝自己吃，妈妈在旁边协助他吃饭。

糯米补益身体

糯米富含B族维生素，能温暖脾胃，补益中气。对脾胃虚寒、食欲不佳、腹胀腹泻有一定缓解作用。与大米相比，糯米更容易被消化吸收，因为糯米支链淀粉更多，更容易消化。

山药汤圆

好食材

山药50克，糯米粉100克，白糖适量。

精心做

1. 将山药洗净，蒸熟，去皮，放入碗中，加白糖拌匀，捣成馅泥。
2. 糯米粉加水揉成软面团，将山药馅泥包入其中做成汤圆。
3. 锅内加适量水烧开，放入汤圆。同时用勺朝一个方向轻轻搅动，防止汤圆粘锅，煮至汤圆浮起即可。

营养讲解

中医历来将汤圆视为可补虚、调血、健脾、开胃的食物，所以给宝宝适量食用一些可以强壮身体。

五色紫菜汤

好食材

紫菜 5 克，竹笋 20 克，豆腐 50 克，菠菜、香菇各 25 克，酱油、姜末、香油各适量。

精心做

1. 将紫菜撕碎；豆腐切块；香菇、竹笋切丝后焯熟；菠菜切段。
2. 起锅加水，放入所有蔬菜和酱油、姜末，煮熟烂后，淋上香油即可。

营养讲解

此汤富含胆碱和钙，能增强宝宝的记忆，还可以促进宝宝骨骼和牙齿的生长。

小米芹菜粥

好食材

小米 50 克，芹菜 30 克。

精心做

1. 小米淘洗干净后，加水熬成粥。
2. 芹菜洗净，切成细碎的末，在粥滚开时放入，熬 10 分钟左右即可。

营养讲解

小米含有多种维生素、氨基酸等人体所需的营养物质，其中维生素 B_1 的含量位居所有粮食之首，对维持宝宝的神经系统正常运转起着重要作用。

银耳滋润肌肤

银耳具有强精、补肾、润肠、益胃、补气的作用，能提高肝脏解毒能力，保护肝脏功能。银耳富有天然特性胶质，加上它的滋阴作用，长期服用可以滋润肌肤。

红枣银耳粥

好食材

大米30克，银耳20克，红枣5颗，冰糖10克。

精心做

1. 银耳泡发，撕成小块；红枣去核，切成小块；大米洗净后，用水浸泡30分钟。
2. 将大米、银耳、红枣同煮，米烂粥稠后放入冰糖即可。

营养讲解

红枣银耳粥是一款保健食疗药膳，适合在秋季给营养不良的宝宝食用。

香菇肉片汤

好食材

猪瘦肉50克，丝瓜100克，鲜香菇30克，香油、盐、淀粉各适量。

精心做

1. 丝瓜洗净，切片；香菇洗净切块；猪瘦肉切片，用淀粉、香油、盐拌匀。
2. 将丝瓜、香菇放入开水锅内煮沸后，放入肉片，煮熟，加少量盐调味即可。

营养讲解

香菇含有丰富的精氨酸和赖氨酸，有提高脑细胞功能的作用，宝宝经常食用可健脑益智。

胡萝卜牛肉汤

好食材

牛肉100克，胡萝卜半根，西红柿1个，洋葱末、盐各适量。

精心做

1. 牛肉切块；西红柿、胡萝卜切块。
2. 将牛肉、洋葱末、西红柿放砂锅中，加热水，大火煮开，转小火煮40分钟。加胡萝卜块煮至软烂，加盐调味。

营养讲解

此汤富含维生素及蛋白质，能够为宝宝补充多种营养，还能够提高免疫力。

栗子提供热量

栗子含有丰富的维生素C，能够维持牙齿、骨骼、血管、肌肉的正常功能，可以预防和治疗骨质疏松。栗子是碳水化合物含量较高的食物，能供给人体较多的热能，并能帮助脂肪代谢，是宝宝理想的营养食物。

栗子红枣粥

好食材

栗子50克，红枣、大米各适量。

精心做

1. 栗子放入冷水锅中煮熟，趁热去壳和膜；红枣泡软后去核。
2. 在锅内加入大米和适量水，煮至米熟烂后加栗子、红枣，烧沸后改小火煮5分钟。

营养讲解

栗子红枣粥适宜营养不良的宝宝食用，可提供丰富的不饱和脂肪酸、维生素和矿物质，是滋补身体的佳品。

海苔饭团

好食材

海苔、银鱼、熟白芝麻、豌豆各20克，熟蛋黄1个，米饭、白醋、白糖各适量。

精心做

1. 白醋和白糖混入饭中拌匀；海苔及银鱼用热水泡开后再沥干水分。
2. 豌豆煮熟碾成泥，熟蛋黄压碎。
3. 将所有待用的食材用手捏成小团或用模型扣出即可。

营养讲解

海苔所含多糖具有明显增强细胞免疫功能、促进淋巴细胞转化的作用，可提高宝宝免疫力。

鸡肉卷

好食材

鸡蛋1个，去皮鸡肉50克，淀粉、面粉、料酒、葱末、盐各适量。

精心做

1. 鸡肉剁成泥，加淀粉、盐、葱末和料酒，搅拌均匀。鸡蛋打散成蛋液。
2. 将蛋液摊成鸡蛋皮。将蛋皮放在盘子里，加入肉泥，卷成长条，上锅蒸熟。

营养讲解

鸡肉的蛋白质中含有全部必需氨基酸，是宝宝身体发育所需的良好的蛋白质来源。

白菜帮助消化

白菜含有丰富的膳食纤维，能起到润肠、促进排毒的作用，可刺激肠胃蠕动，促进大便排泄，帮助消化。

白菜炒木耳

好食材

白菜 100 克，木耳 3 朵，盐适量。

精心做

1. 白菜洗净，切成片；木耳洗净，切碎。
2. 锅中放入油，油烧热后，放白菜炒至半熟，加入木耳、盐和适量的水，小火煮烂即可。

营养讲解

白菜本身味道比较清淡，加一些木耳一起炖，可以让白菜吸收一些鲜味。白菜非常适合宝宝秋冬食用，因为白菜中含有丰富的维生素C、维生素E，可以起到保护皮肤的作用。

葱烧小黄鱼

好食材

小黄鱼 1 条，醋、白糖、酱油、盐、料酒、葱花、姜末、蒜末、柠檬片各适量。

精心做

1. 小黄鱼去鳞去鳃，去内脏，洗净。
2. 锅中加油烧热，放入葱姜蒜炒香，加入料酒，放入小黄鱼稍炸，再加入白糖、醋、酱油、盐、柠檬片及适量水。
3. 用小火炖 15 分钟至入味、熟烂即可。

营养讲解

黄鱼含有丰富的蛋白质和维生素，体质较弱的宝宝，食用黄鱼会收到很好的补益效果。

虾仁青豆饭

好食材

虾仁 50 克，青豆、胡萝卜、山药、大米各 30 克，盐、料酒各适量。

精心做

1. 虾仁加料酒腌 15 分钟；青豆洗净，胡萝卜、山药切丁；大米洗净。
2. 将所有原料入电饭煲中，加水，把米饭煮熟即可。

营养讲解

此饭富含不饱和脂肪酸和大豆磷脂，有保持宝宝血管弹性、健脑等作用。

甜椒生食熟食营养均好

甜椒富含维生素C、胡萝卜素、维生素B_6、叶酸和钾，有健胃、利尿、明目、提高免疫力的作用。甜椒颜色亮丽，非常适于配菜，生食与熟食均营养丰富。

素炒三鲜

好食材

茄子1/3个，土豆、黄甜椒、红甜椒各半个，姜丝、盐各适量。

精心做

1. 土豆去皮、切片；茄子切长条；甜椒切块。
2. 土豆片用油炸至金黄色，茄子条炸软，捞出控干油备用。
3. 起锅热油，爆香姜丝，倒入黄、红甜椒爆炒，再放入炸好的土豆片和茄子条，加盐调味，翻炒几下即可出锅。

营养讲解

此菜所特有的芬芳辛辣的味道有刺激唾液和胃液分泌的作用，能增进宝宝食欲，帮助消化，促进肠蠕动，防止便秘。

苦瓜煎蛋饼

好食材

苦瓜 150 克，鹌鹑蛋 5 个，蒜蓉、盐各适量。

精心做

1. 苦瓜洗净切碎，用热水焯一下。
2. 鹌鹑蛋加盐打散，加入苦瓜，拌匀。
3. 油锅中倒入苦瓜蛋液，用小火慢慢地煎至两面金黄。装盘时撒上蒜蓉即可。

营养讲解

苦瓜含有丰富的蛋白质、碳水化合物、膳食纤维、胡萝卜素、苦瓜苷、磷、铁，可以补充多种营养，增强人体免疫功能。

海带炖肉

好食材

猪肉 100 克，鲜海带 50 克，盐适量。

精心做

1. 猪肉切小块汆水；海带洗净切片。
2. 油锅置火上，放猪肉块略炒，加水，大火烧开转小火炖至八成烂，下海带片，再炖 10 分钟，加盐调味即可。

营养讲解

这道菜含有丰富的蛋白质、脂肪、矿物质、维生素 A 及 B 族维生素，不仅味道鲜美，而且具有强身抗病的功效。

娃娃菜个子虽小营养多

娃娃菜味道甘甜，营养价值和大白菜差不多，富含维生素C、胡萝卜素、B族维生素、硒、钾等营养素。常吃具有健脾利尿、养胃生津、清热解毒等功效。

上汤娃娃菜

好食材

娃娃菜100克，草菇50克，高汤、葱段、姜片、盐、白糖各适量。

精心做

1. 娃娃菜去老帮，洗净；草菇洗净；胡萝卜洗净，切片。
2. 锅置火上，倒油烧热，爆香葱段、姜片，加入高汤煮开，下入娃娃菜、草菇煮10分钟，加入盐、白糖调味即可。

营养讲解

上汤娃娃菜含有丰富的蛋白质、碳水化合物、胡萝卜素、维生素B_1、维生素B_2、维生素C、烟酸、膳食纤维、钙、磷、铁等，宝宝常食吃可强壮身体，增强免疫力。

糖醋嫩藕片

好食材

嫩藕1小节，姜末、白糖、醋、盐、水淀粉各适量。

精心做

1. 嫩藕洗净，切薄片，入滚水汆烫。
2. 锅中放油，倒入姜末炝锅，再倒入藕片翻炒，加白糖、醋，继续翻炒，用水淀粉勾芡，加盐调味即可。

营养讲解

藕片口感脆嫩，酸甜开胃，富含铁、钙、植物蛋白质、维生素以及淀粉等，可补益气血，增强宝宝免疫力。

肉丁西蓝花

好食材

猪瘦肉25克，西蓝花50克，葱花、姜末、淀粉、盐各适量。

精心做

1. 猪瘦肉切丁；西蓝花掰小朵焯烫熟。
2. 油锅置火上，放入肉丁，炸透捞出。锅底留少量油，加葱花、姜末爆香，放肉丁、西蓝花朵翻炒，加盐调味。

营养讲解

西蓝花易消化吸收，尤其适宜于脾胃虚弱、消化功能较弱的宝宝食用。

百合是滋补佳品

百合除含有淀粉、蛋白质、脂肪、钙、磷、铁、维生素C、胡萝卜素等，还含有秋水仙碱等多种生物碱，不仅具有良好的营养滋补之功，而且还对秋季气候干燥而引起的季节性疾病有一定的防治作用。

百合炒牛肉

好食材

牛肉100克，鲜百合50克，生抽、蚝油、甜椒、盐各适量。

精心做

1 牛肉切片，用生抽、蚝油、食用油抓匀，腌20分钟；甜椒洗净切片。

2 锅置火上，加油烧热，倒入牛肉快炒，加入百合、甜椒块翻炒至牛肉全部变色，加盐调味后就可以起锅了。

营养讲解

牛肉中的肌氨酸含量比任何其他食物都高，这使它对增长肌肉、增强力量特别有效，正处于迅速生长期的宝宝应该多补充一些。

甜椒炒肉丝

好食材

猪肉50克，青、黄、红甜椒各半个，盐、酱油、淀粉、高汤各适量。

精心做

1. 甜椒切丝；猪肉切丝，加盐、淀粉拌匀；盐、酱油、淀粉、高汤对成芡汁。
2. 甜椒入油锅，加盐炒至断生，盛盘。
3. 另起一油锅，下肉丝炒散，再放甜椒炒匀，烹入芡汁，翻炒均匀即可。

营养讲解

猪肉能提供人体必需的脂肪酸，并可提供血红素铁和促进铁吸收的半胱氨酸，能改善缺铁性贫血。

蒜薹炒羊肉

好食材

蒜薹50克，羊肉片100克，葱段、姜丝、酱油、料酒、盐各适量。

精心做

1. 蒜薹择洗干净，切段；羊肉用料酒、酱油腌10分钟。
2. 热锅入油，爆香葱段、姜丝，放入羊肉片，翻炒至变色。放入蒜薹翻炒，加水焖2分钟，再加盐翻匀即可。

营养讲解

羊肉肉质细嫩，容易消化吸收，与蒜薹搭配食用，有助于提高宝宝的免疫力。

第十四章
妈妈这样做，宝宝最爱吃

有些食物有一些独特的气味，有人喜欢，有人不喜欢，宝宝也不例外。其实3岁以前宝宝的饮食偏好还没有太显现出来，只是大人的喂养行为多多少少影响了宝宝的一些饮食习惯。在烹调手法上做一些变化，让宝宝不拒绝接受这些食物的味道。

芹菜

芹菜全株含有挥发油，具有特殊的气味，对于不习惯这些气味的人来说，就是难闻的“臭味”或“怪味”。但只要把芹菜焯熟，怪味就会去掉很多，宝宝接受起来也更容易。芹菜叶也有很多营养，也应做给宝宝吃。

核桃仁拌芹菜（适合 1.5 岁宝宝）

好食材

芹菜 50 克，核桃仁 2 颗，盐、香油各适量。

精心做

1. 芹菜择洗干净，切段，用开水焯一下。
2. 焯后的芹菜用凉水冲一下，沥干水分，放入盘中，加盐、香油。
3. 将核桃仁用热水浸泡后，去掉表皮，再用开水泡 5 分钟，放在芹菜上，吃时拌匀即可。

凉拌芹菜叶（适合 1 岁宝宝）

好食材

芹菜嫩叶 200 克，酱香豆腐干 40 克，盐、白糖、香油、酱油各适量。

精心做

1. 将芹菜叶洗净，放开水锅中烫一下，捞出摊开晾凉，剁成细末。
2. 酱香豆腐干放开水锅中烫一下，捞出切成小丁。
3. 将芹菜叶和豆腐丁放入大碗中，加入所有调料拌匀即可。

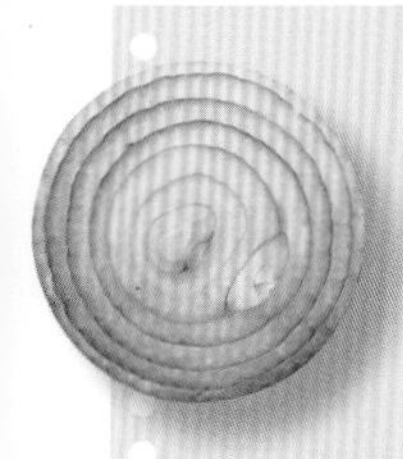

洋葱

洋葱含有大蒜素，有很强烈的刺激味道。常见的洋葱分为紫皮和白皮两种，白皮洋葱肉质柔嫩，水分和甜度皆高，长时间烹煮后有黄金般的色泽及丰富甜味，比较适合鲜食、烘烤或炖煮；紫皮洋葱肉质微红，辛辣味强，适合炒或做蔬菜沙拉。紫皮洋葱营养更好一些。炒焦一点，会把洋葱的刺激味道降低很多。

牛奶洋葱汤（适合8个月宝宝）

好食材

配方奶200毫升，紫洋葱半个，盐适量。

精心做

1. 洋葱去蒂、洗净、切丝，入油锅炒香，再加水，小火熬出洋葱的甜味。
2. 待洋葱软烂后，加入配方奶煮沸，加盐调味即可。

洋葱炒鱿鱼（适合2岁宝宝）

好食材

鲜鱿鱼1条，洋葱100克，彩椒50克，孜然、盐各适量。

精心做

1. 鲜鱿鱼剖开，处理干净，切成细条，放入开水中汆烫，捞出。
2. 洋葱、彩椒洗净，切块。
3. 油锅烧热，放入洋葱、彩椒快速翻炒，然后放入鲜鱿鱼不停翻炒至断生，再加适量盐、孜然，炒匀即可。

苦瓜

苦瓜具有清热去火、滋肝明目、促进食欲的功效，是夏季清热消暑的首选佳蔬。苦瓜益处多多，但实在苦得难以下咽，尤其是对于味觉处在高度敏感期的宝宝来说，很难接受这个味道。其实只要把苦瓜的内瓤筋络去除干净，并经过焯烫后，苦瓜的苦味就会除去很多。

凉拌苦瓜（适合 1.5 岁宝宝）

好食材

苦瓜 1 根，香油、盐各适量。

精心做

1. 苦瓜洗净，剖开，去净内瓤，切片，放入开水中焯烫。
2. 用凉开水冲洗苦瓜片，沥干水分，放入盘中，加香油、盐拌匀即可。

苦瓜排骨汤（适合 2 岁宝宝）

好食材

苦瓜半根，排骨 100 克，蒜末、姜片、盐各适量。

精心做

1. 苦瓜洗净去子及内瓤，切成块，用热水焯去掉苦味。排骨洗净切段，焯去血水。
2. 将排骨、蒜末、姜片和水同煮，煮沸后，转小火煲 1 小时。
3. 把苦瓜倒入，再煮 10 分钟后调入盐。

茄子

茄子肉颇厚润，善吸味，能藏油。茄子没什么个性，素做不太容易进味，又太软，但红烧或是烹炒又太吃油。给宝宝吃油太多不健康，所以做成营养配菜最好，比如打卤面、炸酱面或是炖茄子，都适合宝宝食用。

鲶鱼炖茄子（适合 2 岁宝宝）

好食材

鲶鱼 1 条，茄子 200 克，葱段、姜丝、酱油、白糖、黄酱、盐、香菜各适量。

精心做

1. 鲶鱼处理干净；茄子洗净，切条。
2. 用葱段、姜丝炝锅，然后放酱油、黄酱、白糖翻炒。
3. 加适量水，放入茄子和鲶鱼，炖熟后，加盐调味，撒上香菜点缀即可。

茄子炸酱面（适合 1.5 岁宝宝）

好食材

乌冬面 50 克，圆茄子 1/4 个，黄酱、葱段、香菜、蒜末、姜末各适量。

精心做

1. 茄子洗净切丁；香菜洗净切末。
2. 锅中放油烧热，放入茄丁，炒至颜色金黄，放入葱段、姜末、蒜末，继续翻炒。加入黄酱，翻炒成炸酱。
3. 锅中倒入水，将面条煮熟。浇上炸酱，撒上香菜末，搅拌均匀即可。

青椒

青椒肉质比较厚，怎么处理都感觉有一股子青草味，这是很多宝宝不爱吃青椒的原因。要想让宝宝爱上吃青椒，可以和一些味道比较鲜美的食材搭配在一起，比如香菇、玉米等，而且出锅前加水焖一下，把青椒做得烂一点。此外，处理食材时，要把青椒掰开而不是切开，这样能更好地保存青椒的组织纤维，更多地保留营养价值。

青椒炒鸡丁（适合 1.5 岁宝宝）

好食材

鸡丁 100 克，青椒 1 个，姜丝、蒜蓉、料酒、淀粉、盐各适量。

精心做

1. 鸡肉切成丁，用油、盐、姜丝、蒜蓉、料酒、淀粉腌一会儿。
2. 青椒洗净去子，切成丁。
3. 锅中倒油烧热后，下鸡丁炒至六成熟，倒入青椒丁炒匀。
4. 出锅前加盐调味即可。

双椒炒玉米粒（适合 2 岁宝宝）

好食材

嫩玉米粒 200 克，红椒、青椒各 1 个，白糖、盐各适量。

精心做

1. 红椒、青椒去蒂，去子，掰成小块。
2. 油锅烧热，放入嫩玉米粒和盐，翻炒 3 分钟。
3. 倒入适量水，再炒 3 分钟，放入红椒块、青椒块。
4. 加适量白糖，翻炒均匀即可。

白萝卜

宝宝不爱吃白萝卜，其主要原因是它吃起来有一定的辣味和有一种特别的气味。将白萝卜切块或切丝之后，由于其与空气长时间接触，在白萝卜中酶的作用下，便会产生辣味。所以要熟吃白萝卜，并和味道比较香甜的食物一起组合搭配，才会使白萝卜的味道淡一些。

白萝卜鲜藕汁（适合1岁宝宝）

好食材

白萝卜、鲜藕各50克，蜂蜜适量。

精心做

1. 白萝卜洗净，切成块；鲜藕去皮洗净，切成块。
2. 将白萝卜、鲜藕加适量温开水，一同放入榨汁机中榨汁。
3. 榨好汁后，放入锅中煮沸，盛出后放温，加蜂蜜搅拌均匀即成。

大丰收（适合1.5岁宝宝）

好食材

水萝卜、黄瓜、白萝卜、生菜各50克，甜面酱、盐、白糖、香油各适量。

精心做

1. 把水萝卜、黄瓜、白萝卜洗净，去皮，切段；生菜洗净，用淡盐水浸一下。
2. 白萝卜用热水焯烫一下。
3. 锅中放香油烧热，放入甜面酱、盐、白糖合炒，然后加入等量的水，翻炒2分钟，盛出后放凉，用蔬菜蘸食。

附录 0~3岁儿童智能发育水平

1月龄

大运动：拉着手腕可以坐起；头可竖直片刻（2秒）。
精细动作：触碰手掌，他会紧握拳头。
适应能力：眼睛会跟着红球稍有移动。
语言：自己会发出细小声音。
社交行为：眼睛跟踪走动的人。

2月龄

大运动：拉着手腕可以坐起；头可竖直短时（5秒）。
精细动作：拨浪鼓可在手中握片刻。
适应能力：能立刻注意到大玩具。
语言：能发出a、o、e等元音。
社交行为：逗引时有反应。

3月龄

大运动：俯卧时可抬头45°；抱直时头稳。
精细动作：两手可握在一起；拨浪鼓可在双手中握0.5秒。
适应能力：眼睛跟着红球可转180°。
语言：笑出声。
社交行为：模样机灵、见人会笑。

4月龄

大运动：俯卧时可抬头90°；扶腋下可站片刻。
精细动作：摇动并注视拨浪鼓。
适应能力：偶然注意响动、找到声源。
语言：高声叫、咿呀做声。
社交行为：认识熟悉的亲人。

5月龄

大运动：轻拉腕部即可坐起；独坐头身向前倾。
精细动作：能抓住近处的玩具。
适应能力：拿住一块积木并注视另一块积木。
语言：对人或物能发声。
社交行为：见到食物兴奋。

6月龄

大运动：俯卧翻身。
精细动作：会撕纸；会去拿桌上的积木。
适应能力：两手同时拿住两块积木；玩具掉了会找。
语言：叫名字能转头。
社交行为：自己吃饼干；会找藏猫猫或用手绢挡脸的人。

7月龄

大运动：可以自如地独自坐着。
精细动作：自己取一块积木，再取另一块。
适应能力：积木换手；伸手够远处的玩具。
语言：发da-da、ma-ma音，但没有所指。
社交行为：对着镜子会有反应；能分辨出生人。

8月龄

大运动：双手扶着东西可站立。
精细动作：手中拿两块积木，并试图取第三块积木。
适应能力：持续用手追逐玩具；有意识地摇铃。
语言：模仿声音。
社交行为：懂得成人面部表情。

9月龄

大运动：会爬，拉双手会走。
精细动作：拇指、食指能捏住小球。
适应能力：从杯中取出积木，用积木对敲。
语言：会欢迎、再见（手势）。
社交行为：会表示不要。

10月龄

大运动：会拉住栏杆站起身，扶住栏杆可以走。
精细动作：拇指、食指动作熟练。
适应能力：拿掉扣住积木的杯子，并玩积木。
语言：模仿发声。

社交行为：懂得常见物及名称，会表示。

11 月龄

大运动：扶物、蹲下取物，独站片刻。
精细动作：能打开包积木的纸。
适应能力：将积木放入杯中；模仿推玩具小车。
语言：有意识地发一个字音。
社交行为：懂得“不”；模仿拍娃娃。

12 月龄

大运动：独自站立，牵一只手可以走。
精细动作：试把小球投入小瓶；全手掌握笔，能留下笔道。
适应能力：盖瓶盖。
语言：叫妈妈、爸爸有所指；向他要东西知道给。
社交行为：穿衣时知配合。

15 月龄

大运动：独走自如。
精细动作：自发乱画；从瓶中拿到小球。
适应能力：翻书两次；盖上圆盒。
语言：会听指示指出眼耳鼻口手（5 个指出 3 个即可）；说 3~5 个字（知道意思，“爸妈”除外）。
社交行为：会脱袜子（脱下而非拉下）。

18 月龄

大运动：扔球无方向。
精细动作：模仿画道道。
适应能力：积木搭高四块；将圆形积木放入圆形空格。
语言：懂得三个投向；说出 10 个字。
社交行为：白天会控制大小便。

21 月龄

大运动：会脚尖走；扶墙上楼。
精细动作：可用玻璃丝穿过扣眼。
适应能力：积木搭高七八块；将圆形积木放入圆形空格。
语言：回答简单问题；说 3~5 个字的句子。
社交行为：开口表示个人需要。

24 月龄

大运动：双足跳离地面。
精细动作：能用玻璃丝穿过扣眼并拉住线。
适应能力：一页页翻书；将圆、方、三角形准确放入相同形状的空格。
语言：说两句以上儿歌；会问：“这是什么？”
社交行为：会说常见物的用途。

27 月龄

大运动：独自上楼、独自下楼。
精细动作：模仿画竖道。
适应能力：认识大小；空格随意放置，仍能将圆、方、三角形准确放入相同形状的空格。
语言：会说 8~10 个字的句子。
社交行为：会脱单衣或裤子；开始有是非观念。

30 月龄

大运动：独脚站 2 秒。
精细动作：模仿用积木搭桥；穿扣子 3~5 个。
适应能力：知道 1 与许多的区别；知道红色。
语言：看图说出物体的名称 10 个。
社交行为：用两个杯子来回倒水不洒。

33 月龄

大运动：会立定跳远。
精细动作：模仿画圆。
适应能力：懂得“里”“外”；积木搭高 10 块。
语言：能说出人物性别；连续执行三个命令（擦桌、摇铃、搬凳）。
社交行为：会穿鞋、会解扣子。

36 月龄

大运动：两脚交替跳。
精细动作：折纸边角整齐（长方形）；模仿画十字。
适应能力：认识两种颜色；懂得“2”。
语言：懂得“冷了”“累了”“饿了”；看图能说出物体名称 14 样。
社交行为：会扣扣子。

图书在版编目(CIP)数据

宝宝的第一口辅食 / 刘桂荣主编 . -- 北京 : 中国轻工业出版社 , 2017.11
ISBN 978-7-5184-1171-9

Ⅰ . ① 宝… Ⅱ . ① 刘… Ⅲ . ① 婴幼儿 - 食谱 Ⅳ . ① TS972.162

中国版本图书馆 CIP 数据核字 (2016) 第 268048 号

责任编辑：高惠京　　责任终审：张乃柬　　责任监印：张京华
策划编辑：龙志丹　　责任校对：晋　洁　　整体设计：奥视创意工作室 Ausion Creative Studio Tel:15901207431

出版发行：中国轻工业出版社（北京东长安街 6 号，邮编：100740）
印　　刷：北京画中画印刷有限公司
经　　销：各地新华书店
版　　次：2017 年 11 月第 1 版第 4 次印刷
开　　本：720 × 1000　1/16　印张：14
字　　数：200 千字
书　　号：ISBN 978-7-5184-1171-9　定价：39.80 元
邮购电话：010-65241695
发行电话：010-85119835 传真：85113293
网　　址：http：//www.chlip.com.cn
Email：club@chlip.com.cn
如发现图书残缺请与我社邮购联系调换
171413S3C104ZBW